"高考数学试题背景（第一辑）"丛书

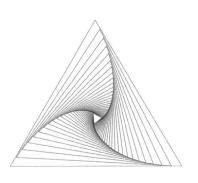

从三道高三数学模拟题的背景谈起

——兼谈傅里叶三角级数

刘培杰数学工作室 编

哈尔滨工业大学出版社
HITP HARBIN INSTITUTE OF TECHNOLOGY PRESS

内 容 简 介

本书从三道高三数学模拟题的背景谈起,介绍了傅里叶三角级数的相关理论及知识.全书共分为五章,主要介绍了傅里叶级数与傅里叶其人、傅里叶三角级数、傅里叶三角级数的收敛性、系数递减的三角级数、某些级数求和法、三角函数系的完备性、傅里叶级数的运算等内容.

本书适合高中师生、大学师生及数学爱好者参考阅读.

图书在版编目(CIP)数据

从三道高三数学模拟题的背景谈起:兼谈傅里叶三角级数/刘培杰数学工作室编.—哈尔滨:哈尔滨工业大学出版社,2023.6
ISBN 978－7－5767－0695－6

Ⅰ.①从… Ⅱ.①刘… Ⅲ.①中学数学课－教学研究－高中 Ⅳ.①G633.602

中国国家版本馆 CIP 数据核字(2023)第 041636 号

CONG SANDAO GAOSAN SHUXUE MONITI DE BEIJING TANQI:
JIANTAN FULIYE SANJIAO JISHU

策划编辑	刘培杰　张永芹
责任编辑	聂兆慈　钱辰琛
封面设计	孙茵艾
出版发行	哈尔滨工业大学出版社
社　　址	哈尔滨市南岗区复华四道街 10 号　邮编 150006
传　　真	0451－86414749
网　　址	http://hitpress.hit.edu.cn
印　　刷	辽宁新华印务有限公司
开　　本	787 mm×1 092 mm　1/16　印张 12.5　字数 204 千字
版　　次	2023 年 6 月第 1 版　2023 年 6 月第 1 次印刷
书　　号	ISBN 978－7－5767－0695－6
定　　价	48.00 元

目　　录

第1章 傅里叶级数与傅里叶其人

§1 引言:从三道高三数学模拟题的背景谈起

世界著名数学家瑞德(A. H. Read)曾指出:

对学生来说最常见的困难之源是,一件工作很少以创始人当初所用的形式讲给学生. 它已被浓缩了、光饰了,按逻辑重新安排了,而把使其诞生的那些思想隐藏起来了. 这样,这位数学家也以头脑超人的形象出现,因为我们无法跟随他的思想.

在本书中,我们将以现代数学中的傅里叶(Fourier)分析为例说明其是如何被中学生、大学生所理解和接受的.

例 1 (2021•宜昌市模拟题) 在现代社会中,信号处理是非常关键的技术,我们通过每天都在使用的电话或者互联网就能感受到. 而信号处理背后的"功臣"就是正弦型函数! 函数 $f(x) = \sum_{i=1}^{7} \dfrac{\sin[(2i-1)x]}{2i-1} (i \in \mathbf{N}^*)$ 的图像可以近似模拟某种信号的波形,则下列说法正确的是(　　).

A. 函数 $f(x)$ 为周期函数,且最小正周期为 π

B. 函数 $f(x)$ 为奇函数

C. 函数 $y = f(x)$ 的图像关于直线 $x = \dfrac{\pi}{2}$ 对称

D. 函数 $f(x)$ 的导函数 $f'(x)$ 的最大值为 7

解析 $f(x) = \sin x + \dfrac{1}{3}\sin 3x + \dfrac{1}{5}\sin 5x + \cdots + \dfrac{1}{13}\sin 13x$.

因为 $\sin[(2i-1)(x+\pi)] = \sin[(2i-1)x + 2i\pi - \pi] = -\sin[(2i-1)x]$ $(i \in \mathbf{N}^*)$,所以 $f(x+\pi) = -f(x)$,即 π 不是函数 $f(x)$ 的最小正周期,故 A 错误.

易知 $f(-x) = -f(x)$,且函数 $f(x)$ 的定义域为 $\mathbf{R}$,所以函数 $f(x)$ 为奇函数,故 B 正确.

因为 $\sin[(2i-1)(\pi-x)] = \sin[2i\pi - \pi - (2i-1)x] = \sin[(2i-1)x]$ $(i \in \mathbf{N}^*)$,所以 $f(\pi-x) = f(x)$,所以函数 $y = f(x)$ 的图像关于直线 $x = \dfrac{\pi}{2}$ 对称,

故 C 正确.

因为 $f'(x) = \cos x + \cos 3x + \cos 5x + \cdots + \cos 13x$,且 $-1 \leqslant \cos[(2i-1)x] \leqslant 1 (i \in \mathbf{N}^*)$,所以 $f'(x) \leqslant 7$. 又 $f'(0) = 7$,所以函数 $f'(x)$ 的最大值为 7,故 D 正确.

所以选 BCD.

点评 本题以信号波形模型函数为载体,考查三角函数的周期性、奇偶性和对称性,考查求导公式及三角函数的最值,以及考查考生的运算求解能力和逻辑推理能力.

注 其实中国古代对于音乐中器乐和声乐也很有研究.

我国古代乐器种类多样,古人对于声音的理解也很深刻.在唐代《乐书要录》中有记载:"形动气彻,声所由出也.然则形气者,声之源也.声有高下,分而为调.高下虽殊,不越十二.假使天地之气噎而为风,速则声上,徐则声下,调则声中.""形动气彻"指物体产生振动,空气也随之振动,声音从而产生;同时也指出风速的大小对声音的音调会产生一定的影响.在物理中声音是由振动产生的,这与"形动气彻,声所由出也"的表述非常相似."然则形气者,声之源也"指空气流动引起物体振动,从而发出声音."速则声上,徐则声下"指风速的大小间接导致空气振动的频率不同,振动频率改变,声音的音调也会随之改变.古人通过对生活中声学现象的观察,总结声音发生的规律及原理;我们可以从中提炼出原始物理问题,对物理教学具有启示作用.

例 2 (2021·唐山市模拟题)音乐是用声音来表达思想情感的一种艺术,数学家傅里叶证明了所有的器乐和声乐的声音都可用简单正弦函数 $y = A\sin \omega x$ 的和来描述,其中频率最低的振动发出的音称为基音,其余的称为泛音,而泛音的频率都是基音频率的整数倍,当一个发声体振动发声时,我们听到声音的函数是 $y = \sin x + \dfrac{1}{2}\sin 2x + \dfrac{1}{3}\sin 3x + \cdots$,则 $y = \sin x + \dfrac{1}{2}\sin 2x$ 的最大值是(   ).

A. $\dfrac{3}{2}$ B. 1   C. $\dfrac{3\sqrt{3}}{4}$ D. $-\dfrac{3\sqrt{3}}{4}$

解法 1 $y = \sin x + \dfrac{1}{2}\sin 2x$,最小正周期为 2π,故只需求 y 在 $[0, 2\pi]$ 上的最大值.令 $y' = \cos x + \cos 2x = 0$,解得 $x = \dfrac{\pi}{3}$ 或 $x = \pi$ 或 $x = \dfrac{5\pi}{3}$.当 $x \in (0, \dfrac{\pi}{3})$ 时,$y' > 0$;当 $x \in (\dfrac{\pi}{3}, \pi)$ 时,$y' < 0$;当 $x \in (\pi, \dfrac{5\pi}{3})$ 时,$y' < 0$;当 $x \in (\dfrac{5\pi}{3}, 2\pi)$ 时,

$y' > 0$. 因此，y 在 $(0, \frac{\pi}{3})$，$(\frac{5\pi}{3}, 2\pi)$ 上单调递增，在 $(\frac{\pi}{3}, \pi)$，$(\pi, \frac{5\pi}{3})$ 上单调递减. 当

$x = \frac{\pi}{3}$ 时，$y = \frac{3\sqrt{3}}{4}$；当 $x = 2\pi$ 时，$y = 0$. 故 $y_{\max} = \frac{3\sqrt{3}}{4}$，故选 C.

解法 2　取 $x = \frac{\pi}{4}$，$\sin \frac{\pi}{4} + \frac{1}{2} \sin \frac{\pi}{2} = \frac{\sqrt{2}+1}{2} > 1$，排除选项 B 和 D. 因为

$\sin x \leqslant 1$，$\sin 2x \leqslant 1$，要使 $y = \sin x + \frac{1}{2} \sin 2x$ 取到 $\frac{3}{2}$，则需 $\sin x = 1$ 且 $\sin 2x =$

1. 因为 $\sin x = 1$ 的解集为 $A = \{x \mid x = \frac{\pi}{2} + 2k\pi, k \in \mathbf{Z}\}$，$\sin 2x = 1$ 的解集为 $B =$

$\{x \mid x = \frac{\pi}{4} + k\pi, k \in \mathbf{Z}\}$，$A \cap B = \varnothing$，所以 $y = \sin x + \frac{1}{2} \sin 2x$ 不能等于 $\frac{3}{2}$，排除

选项 A，故选 C.

点评　本题考查复合音模型函数 $y = \sin x + \frac{1}{2} \sin 2x$ 的最值问题，解法 1 利用导数知识求解，解法 2 利用特值法和排除法求解，考查考生的运算求解能力和逻辑思维能力.

例 3　（2021·潍坊市模拟题）音乐是用组织音构成的听觉意象，是用来表达人们的思想感情与社会现实生活的一种艺术形式.1807 年法国数学家傅里叶发现代表任何周期性声音的公式是形如 $y = A\sin \omega x$ 的简单正弦型函数之和，而且这些正弦型函数的频率都是其中最小频率的整数倍.比如图 1(a) 所示的某音叉的声音函数是图像分别为如图 1(b)(c)(d) 所示的三个函数的和，则该音叉的声音函数可以为（　　）.

A. $f(t) = 0.06\sin 1\,000\pi t + 0.02\sin 1\,500\pi t + 0.01\sin 3\,000\pi t$

B. $f(t) = 0.06\sin 500\pi t + 0.02\sin 2\,000\pi t + 0.01\sin 3\,000\pi t$

C. $f(t) = 0.06\sin 1\,000\pi t + 0.02\sin 2\,000\pi t + 0.01\sin 3\,000\pi t$

D. $f(t) = 0.06\sin 1\,000\pi t + 0.02\sin 2\,500\pi t + 0.01\sin 3\,000\pi t$

解析　图 1(b) 中，$A = 0.06$，最小正周期 $T = \frac{1}{500}$，所以 $\frac{2\pi}{\omega} = \frac{1}{500}$，所以 $\omega =$

$1\,000\pi$，则图 1(b) 对应的函数解析式为 $y = 0.06\sin 1\,000\pi t$，其频率为 $\frac{\omega}{2\pi} = 500$，又

图 1(d) 对应的函数解析式为 $y = 0.01\sin 3\,000\pi t$，其频率为 $\frac{\omega}{2\pi} = 1\,500$，所以排除选

项 B. 若图 1(c) 对应的函数解析式为 $y = 0.02\sin 1\,500\pi t$，则其频率为 $\frac{\omega}{2\pi} = \frac{1\,500\pi}{2\pi} = 750$，

不是 500 的整数倍, 故选项 A 不符合题意; 若图 1(c) 对应的函数解析式为 $y = 0.02\sin 2\,000\pi t$, 则其频率为 $\dfrac{\omega}{2\pi} = \dfrac{2\,000\pi}{2\pi} = 1\,000$, 是 500 的整数倍, 故选项 C 符合题意; 若图 1(c) 对应的函数解析式为 $y = 0.02\sin 2\,500\pi t$, 则其频率为 $\dfrac{\omega}{2\pi} = \dfrac{2\,500\pi}{2\pi} = 1\,250$, 不是 500 的整数倍, 故选项 D 不符合题意. 综上, $f(t) = 0.06\sin 1\,000\pi t + 0.02\sin 2\,000\pi t + 0.01\sin 3\,000\pi t$, 故选 C.

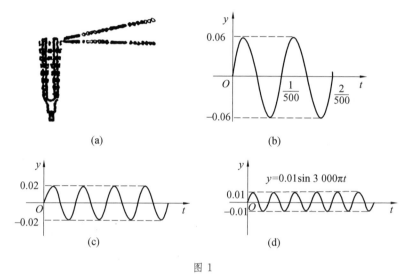

图 1

点评　　本题考查复合音模型函数的图像和性质, 紧扣数学家傅里叶的发现, 并结合排除法即可顺利求解.

§2　　几道与傅里叶级数相关的中日大学数学考试题

如果说傅里叶级数是中学数学中的一道小的"配菜", 那么在大学阶段它就是高等数学这桌大餐中的一道不可或缺的"主菜", 为了说明这一点, 我们以日本的数学为例.

日本的数学起步晚于中国, 但后来居上, 不仅在菲尔兹 (Fields) 奖得主人数上远超中国, 而且其国际影响力也令中国望尘莫及. 从早年的高木贞治、广中平祐、森重文到伊藤清、小平邦彦及百科全书式的人物宫岗洋一及新近解决 ABC 猜想 (传闻) 的望月新一都为我国读者所熟知. 我们不妨先从一道 20 世纪日本新潟大学的研究生试题谈起.

　　试题 1　（1979·新潟大学）周期是 2π 的逐段连续函数 $f(x)$ 的傅里叶级数为

$$f(x) \sim \frac{a_0}{2} + \sum_{n=1}^{\infty}(a_n\cos nx + b_n\sin nx)$$

　　（1）证明：$\dfrac{1}{\pi}\displaystyle\int_{-\pi}^{\pi}\{f(x)\}^2\mathrm{d}x = \dfrac{a_0^2}{2} + \sum_{n=1}^{\infty}(a_n^2 + b_n^2)$.

　　（2）对于给定周期为 2π 的函数 $f(x)=x^2(-\pi \leqslant x \leqslant \pi)$，利用（1）求 $\displaystyle\sum_{n=1}^{\infty}\dfrac{1}{n^4}$

之值.

　　解　（1）因为 $f(x)$ 是平方可积的，所以利用施瓦兹（Schwarz）不等式，得

$$\left|\int_{-\pi}^{\pi}\left\{f(x)-\frac{a_0}{2}-\sum_{n=1}^{N}(a_n\cos nx + b_n\sin nx)\right\}f(x)\mathrm{d}x\right| \to 0 \quad (N \to \infty)$$

因此

$$\frac{1}{\pi}\int_{-\pi}^{\pi}\{f(x)\}^2\mathrm{d}x$$

$$= \frac{a_0}{2\pi}\int_{-\pi}^{\pi}f(x)\mathrm{d}x + \sum_{n=1}^{\infty}\left\{\frac{a_n}{\pi}\int_{-\pi}^{\pi}f(x)\cos nx\,\mathrm{d}x - \frac{b_n}{\pi}\int_{-\pi}^{\pi}f(x)\sin nx\,\mathrm{d}x\right\}$$

$$= \frac{a_0^2}{2} + \sum_{n=1}^{\infty}(a_n^2 + b_n^2)$$

　　（2）因为 $f(x)$ 为偶函数，且是逐段光滑的连续函数，所以

$$b_n = 0, a_0 = \frac{2}{\pi}\int_0^{\pi}x^2\mathrm{d}x = \frac{2\pi^2}{3}$$

$$a_n = \frac{2}{\pi}\int_0^{\pi}x^2\cos nx\,\mathrm{d}x$$

$$= \frac{2}{\pi}\left\{\left[\frac{x^2\sin nx}{n}\right]_0^{\pi} - \frac{2}{n}\int_0^{\pi}x\sin nx\,\mathrm{d}x\right\}$$

$$= (-1)^n\frac{4}{n^2}$$

$$f(x) = \frac{4\pi^2}{3} + 4\sum_{n=1}^{\infty}(-1)^n\frac{\cos nx}{n^2}$$

利用（1），得

$$\frac{1}{2}\left(\frac{2\pi^2}{3}\right)^2 + \sum_{n=1}^{\infty}(-1)^{2n}\frac{4^2}{n^4} = \frac{1}{\pi}\int_{-\pi}^{\pi}(x^2)^2\mathrm{d}x = \frac{2\pi^4}{5}$$

所以

$$\sum_{n=1}^{\infty} \frac{1}{n^4} = \frac{\pi^4}{90}$$

注　称(1)的等式为帕塞瓦尔(Parseval)等式.

傅里叶级数是大学数学中的重要组成部分,也是世界各国大学研究生入学必考内容,还是以日本为例:

试题 2　已知 $f(x) = x^2$,在 $0 \leqslant x < 2\pi$ 上有定义,且以 2π 为周期.

(1)求 $f(x)$ 的傅里叶级数.(1975·早稻田大学)

(2)利用(1)的结果求级数 $\sum_{n=1}^{\infty} \frac{1}{n^2}$ 之和.(1978·东北大学,1975·电气通信大学)

(3)利用(1)的结果求级数 $\sum_{n=1}^{\infty} \frac{(-1)^{n+1}}{n^2}$ 之和.(1981·大阪大学)

解　(1)因为 $f(x)$ 的周期为 2π,所以其傅里叶系数是

$$a_0 = \frac{1}{\pi} \int_{-\pi}^{\pi} f(x) \mathrm{d}x = \frac{1}{\pi} \int_0^{2\pi} x^2 \mathrm{d}x = \frac{8\pi^2}{3}$$

$$a_n = \frac{1}{\pi} \int_{-\pi}^{\pi} f(x) \cos nx \, \mathrm{d}x$$

$$= \frac{1}{\pi} \int_0^{2\pi} x^2 \cos nx \, \mathrm{d}x = \frac{4}{n^2}$$

$$b_n = \frac{1}{\pi} \int_{-\pi}^{\pi} f(x) \sin nx \, \mathrm{d}x$$

$$= \frac{1}{\pi} \int_0^{2\pi} x^2 \sin nx \, \mathrm{d}x = -\frac{4\pi}{n}$$

因此

$$f(x) \sim \frac{4\pi^2}{3} + 4 \sum_{n=1}^{\infty} \left(\frac{\cos nx}{n^2} - \frac{\pi \sin nx}{n} \right)$$

(2)因为 $f(x)$ 是逐段光滑的不连续函数,所以在不连续点 $x = 2\pi$ 处

$$\frac{f(2\pi - 0) + f(2\pi + 0)}{2}$$

$$= 2\pi^2 = \frac{4\pi^2}{3} + 4 \sum_{n=1}^{\infty} \left(\frac{\cos 2\pi n}{n^2} - \frac{\pi \sin 2\pi n}{n} \right)$$

$$= \frac{4\pi^2}{3} + 4 \sum_{n=1}^{\infty} \frac{1}{n^2}$$

因此,$\sum_{n=1}^{\infty} \frac{1}{n^2} = \frac{\pi^2}{6}$.

(3) 在 $f(x)$ 的连续点 $x = \pi(f(\pi + 0) = f(\pi - 0) = f(\pi))$ 处

$$f(\pi) = \pi^2 = \frac{4\pi^2}{3} + 4\sum_{n=1}^{\infty}\left(\frac{\cos n\pi}{n^2} - \frac{\pi \sin n\pi}{n}\right)$$

$$= \frac{4\pi^2}{3} + 4\sum_{n=1}^{\infty}\frac{(-1)^n}{n^2}$$

因此，$\displaystyle\sum_{n=1}^{\infty}\frac{(-1)^{n+1}}{n^2} = \frac{\pi^2}{12}$.

试题 3　（1980·庆应义塾大学）当给定函数

$$f(x) = \begin{cases} \dfrac{\pi}{2}\left(1 - \dfrac{x}{\pi}\right) & (0 < x \leqslant \pi) \\[2mm] 0 & (x = 0) \\[2mm] -f(-x) & (-\pi \leqslant x < 0) \end{cases}$$

时,希望用三次的三角多项式

$$T(x) = \frac{1}{2}a_0 + \sum_{k=1}^{3}(a_k \cos kx + b_k \sin kx)$$

以下述的意义近似 $f(x)$

$$d(f, T) = \left\{\frac{1}{\pi}\int_{-\pi}^{\pi}| f(x) - T(x) |^2 \mathrm{d}x\right\}^{\frac{1}{2}}$$

试回答下列各题:

(1) 应如何选取 $T(x)$,得到最好的近似,试求系数 a_k, b_k 及 $T(x)$.

(2) 试求(1) 中的 $d(f, T)$ 之值.

解　(1) 由

$$d^2(f, T) = \frac{1}{\pi}\int_{-\pi}^{\pi}\{f(x)\}^2 \mathrm{d}x - \frac{2}{\pi}\int_{-\pi}^{\pi}f(x)T(x)\mathrm{d}x +$$

$$\frac{1}{\pi}\int_{-\pi}^{\pi}\{T(x)\}^2 \mathrm{d}x$$

令

$$a'_k = \frac{1}{\pi}\int_{-\pi}^{\pi}f(x)\cos kx \,\mathrm{d}x$$

$$b'_l = \frac{1}{\pi}\int_{-\pi}^{\pi}f(x)\sin lx \,\mathrm{d}x$$

$$(k = 0, 1, 2, 3; l = 1, 2, 3)$$

则得

$$\frac{1}{\pi}\int_{-\pi}^{\pi}f(x)T(x)\mathrm{d}x=\frac{a_0 a'_0}{2}+\sum_{k=1}^{3}(a_k a'_k+b_k b'_k)$$

并且

$$\frac{1}{\pi}\int_{-\pi}^{\pi}\{T(x)\}^2\mathrm{d}x=\sum_{1\leqslant k,l\leqslant 3}\frac{a_k b_l}{\pi}\int_{-\pi}^{\pi}\cos kx\sin lx\,\mathrm{d}x+$$

$$\frac{a_0^2}{4\pi}\int_{-\pi}^{\pi}\mathrm{d}x+\sum_{0\leqslant l\leqslant 3}\frac{a_0 b_l}{2\pi}\int_{-\pi}^{\pi}\sin lx\,\mathrm{d}x$$

$$=\sum_{k=1}^{3}(a_k^2+b_k^2)+\frac{a_0^2}{2}$$

所以

$$d^2(f,T)=\frac{1}{\pi}\int_{-\pi}^{\pi}\{f(x)\}^2\mathrm{d}x-\left\{\frac{a'^2_0}{2}+\sum_{k=1}^{3}(a'^2_k+b'^2_k)\right\}+$$

$$\frac{(a_0-a'_0)^2}{2}+\sum_{k=1}^{3}\{(a_k-a'_k)^2+(b_k-b'_k)^2\}$$

因此,给出了 $a_k=a'_k,b_k=b'_l(k=0,1,2,3;l=1,2,3)$ 的 $T(x)$ 为最好的近似. 这时, $f(x)$ 是奇函数,所以 $a_k=0,b_l=\frac{2}{\pi}\int_0^{\pi}\frac{\pi}{2}(1-\frac{x}{\pi})\sin lx\,\mathrm{d}x=\frac{1}{l}$. 所以

$$T(x)=\sin x+\frac{1}{2}\sin 2x+\frac{1}{3}\sin 3x$$

(2) $\dfrac{1}{\pi}\displaystyle\int_{-\pi}^{\pi}\{f(x)\}^2\mathrm{d}x=\dfrac{2}{\pi}\int_0^{\pi}\dfrac{\pi^2}{4}(1-\dfrac{x}{\pi})^2\mathrm{d}x=\dfrac{\pi^2}{6}$.

因此,根据(1),得

$$d(f,T)=\sqrt{\frac{\pi^2}{6}-(1+\frac{1}{4}+\frac{1}{9})}=\frac{\sqrt{6\pi^2-49}}{6}$$

试题 4　(1977・东京大学) 当 $-1<r<1$ 时,设 $f_n(x)=\displaystyle\sum_{m=1}^{n}r^m\cos mx$ 为已知的函数列,试求 $\lim\limits_{n\to\infty}f_n(x)$,并利用此结果求定积分

$$\int_0^{\pi}\frac{\cos kx}{1-2r\cos x+r^2}\mathrm{d}x\quad(k=0,1,2,\cdots)$$

之值.

解　令 $z=r e^x(-1<r<1)$,则得 $\displaystyle\sum_{m=1}^{\infty}z^m$ 收敛,且

$$\frac{1}{2}+\sum_{m=1}^{\infty}r^m(\cos mx+\mathrm{i}\sin mx)$$

$$= \frac{1}{2} + \sum_{m=1}^{\infty} z^m = \frac{1}{2} + \frac{z}{1-z}$$

$$= \frac{1 + 2\mathrm{i}r\sin x - r^2}{2(1 - 2r\cos x + r^2)}$$

所以

$$\lim_{n \to \infty} f_n(x) = \frac{r\cos x - r^2}{1 - 2r\cos x + r^2}$$

并且

$$\frac{2}{1-r^2}\left(\frac{1}{2} + \sum_{m=1}^{\infty} r^m \cos mx \right) = \frac{1}{1 - 2r\cos x + r^2}$$

因此,研究等式右边的傅里叶系数,可得

$$\frac{2}{\pi} \int_0^\pi \frac{\cos kx}{1 - 2r\cos x + r^2} \mathrm{d}x = \frac{2r^k}{1-r^2} \quad (k=0,1,2,\cdots)$$

所以

$$\int_0^\pi \frac{\cos kx}{1 - 2r\cos x + r^2} \mathrm{d}x = \frac{\pi r^k}{1-r^2} \quad (k=0,1,2,\cdots)$$

这道试题内容很基本,它是关于傅里叶级数的一个基本性质.如果将此问题放到中国,它也就是一道普通的课后习题.可以类比的是,在我国举办的大学生数学夏令营中也有一道类似题目,不过难度可大多了,而且出现了像紧集、调和函数、全纯函数之类的数学名词,对普通大学生来说,对其会有一点陌生感,当然对优秀学生不在话下.下面再介绍一道试题.

试题 5　设 $f(\theta)$ 是 **R** 上周期为 2π 的连续函数,且

$$f(\theta) \sim \frac{a_0}{2} + \sum_{n=1}^{\infty} (a_n \cos n\theta + b_n \sin n\theta)$$

试证:

(1) $u_n = \dfrac{a_0}{2} + \sum_{k=1}^{n} r^k (a_k \cos k\theta + b_k \sin k\theta)$ 在单位圆盘

$$D = \{z \in \mathbf{C} \mid |z| < 1\}$$

内的紧子集上一致收敛于一个调和函数 $u(x,y)$,其中 $z = r\mathrm{e}^{\mathrm{i}\theta} = x + \mathrm{i}y$;

(2) $\displaystyle\iint_D (u_x^2 + u_y^2)\mathrm{d}x\mathrm{d}y = \pi \sum_{n=1}^{\infty} n(a_n^2 + b_n^2)$.

证　由傅里叶级数的定义可知

$$a_k = \frac{1}{\pi} \int_{-\pi}^{\pi} f(\theta) \cos k\theta \mathrm{d}\theta \quad (k=0,1,\cdots)$$

$$b_k = \frac{1}{\pi} \int_{-\pi}^{\pi} f(\theta) \sin k\theta \, d\theta \quad (k = 1, 2, \cdots)$$

所以

$$c_k = a_k - \sqrt{-1} \, b_k = \frac{1}{\pi} \int_{-\pi}^{\pi} f(\theta) e^{-k\theta \sqrt{-1}} \, d\theta$$

因此

$$\mid c_k \mid \leqslant \frac{1}{\pi} \int_{-\pi}^{\pi} \mid f(\theta) \mid d\theta < M$$

其中 M 为正常数.

另外, 令

$$z = x + \sqrt{-1} \, y = r e^{i\theta}$$

$$g(z) = \frac{1}{2} a_0 + \sum_{k=1}^{\infty} c_k z^k$$

则

$$\mid g(z) \mid \leqslant \frac{1}{2} \mid a_0 \mid + M \sum_{k=1}^{\infty} \mid z \mid^k$$

因此, 任取 $0 < r_0 < 1$, 当 $\mid z \mid \leqslant r_0$ 时, $g(z)$ 为全纯函数. 所以记 $z = r e^{i\theta}$, 当 $0 \leqslant r \leqslant r_0$ 时, 有

$$\operatorname{Re}\left(\frac{1}{2} a_0 + \sum_{k=1}^{\infty} c_k z^k\right) = \frac{1}{2} a_0 + \sum_{k=1}^{\infty} \operatorname{Re}(c_k r^k e^{k\theta \sqrt{-1}})$$

$$= \frac{1}{2} a_0 + \sum_{k=1}^{\infty} (a_k r^k \cos k\theta + b_k r^k \sin k\theta)$$

为调和函数. 所以 u_n 在 D 的紧子集上一致地收敛于调和函数 $\operatorname{Re} g(z) = u(x, y)$.

令

$$x = r \cos \theta, y = r \sin \theta$$

则

$$dx \, dy = \det \begin{vmatrix} \dfrac{\partial x}{\partial r} & \dfrac{\partial x}{\partial \theta} \\[2mm] \dfrac{\partial y}{\partial r} & \dfrac{\partial y}{\partial \theta} \end{vmatrix} dr \, d\theta = r \, dr \, d\theta$$

$$\frac{\partial u}{\partial x} = \frac{1}{2} \frac{\partial}{\partial x}(g(z) + \overline{g(z)}) = \frac{1}{2}\left(\frac{\partial g(z)}{\partial z} + \overline{\frac{\partial g(z)}{\partial z}}\right)$$

$$\frac{\partial u}{\partial y} = \frac{1}{2} \frac{\partial}{\partial y}(g(z) + \overline{g(z)}) = \frac{1}{2}\left(\sqrt{-1} \frac{\partial g(z)}{\partial z} - \sqrt{-1} \, \overline{\frac{\partial g(z)}{\partial z}}\right)$$

因此

$$\left(\frac{\partial u}{\partial x}\right)^2 + \left(\frac{\partial u}{\partial y}\right)^2 = \frac{1}{4}(g'^2 + \overline{g'}^2 + 2g'\overline{g'}) - \frac{1}{4}(g'^2 + \overline{g'}^2 - 2g'\overline{g'}) = |g'|^2$$

于是

$$\iint_D (u_x^2 + u_y^2)\,\mathrm{d}x\,\mathrm{d}y = \iint_D \left|\frac{\mathrm{d}g(z)}{\mathrm{d}z}\right|^2 \mathrm{d}x\,\mathrm{d}y$$

$$= \iint_D \left|\sum_{k=1}^{\infty} k c_k z^{k-1}\right|^2 \mathrm{d}x\,\mathrm{d}y$$

今取 $j \neq k$, 有

$$\iint_D z^j \overline{z}^k \,\mathrm{d}x\,\mathrm{d}y = \int_0^1 r\,\mathrm{d}r \int_0^{2\pi} r^{j+k} \mathrm{e}^{(j-k)\theta\sqrt{-1}} \,\mathrm{d}\theta$$

$$= \left(\frac{1}{j+k+2} r^{j+k+2}\Big|_0^1\right) \cdot \frac{1}{(j-k)\sqrt{-1}} \mathrm{e}^{(j-k)\sqrt{-1}\theta}\Big|_0^{2\pi} = 0$$

又

$$\iint_D |z^j|^2 \,\mathrm{d}x\,\mathrm{d}y = \int_0^1 r^{2j+1}\,\mathrm{d}r \int_0^{2\pi} \mathrm{d}\theta = \frac{2\pi}{2j+2} = \frac{\pi}{j+1}$$

所以

$$\iint_D (u_x^2 + u_y^2)\,\mathrm{d}x\,\mathrm{d}y = \sum_{k=1}^{\infty} k^2 |c_k|^2 \frac{\pi}{k}$$

$$= \pi \sum_{k=1}^{\infty} k |c_k|^2$$

$$= \pi \sum_{k=1}^{\infty} k(a_k^2 + b_k^2)$$

证毕.

§3　一道阿里巴巴全球数学竞赛预选赛试题

在 2022 年的国际数学日即 3 月 14 日,阿里巴巴全球数学竞赛报名正式启动. 2022 年是阿里巴巴首次公开征集选题的一年,人人皆可出题,人人皆可答题. 首次公开征集选题后,各行各业的数学爱好者踊跃出题,赛题组共收到 145 道大众选题. 出题人从 14 岁的少年到 83 岁的老人,分别来自亚洲、欧洲、非洲等多个大洲.

2022 年共有来自 6 个大洲的 5 万人参与比赛,参赛者年龄跨越不同年龄段,甚至能见到 400 多名博士和 30 名小学生同台竞争,"00 后"选手占比高达 40%,只要热爱数学,都可以参与. 根据往年经验,将有 1% 的参赛者进入决赛.

2022 年的奖金也很可观,根据官网显示:金奖奖金为 40 000 美元,银奖奖金为 20 000 美元,铜奖奖金为 10 000 美元,优秀奖奖金为 5 000 美元.

奖励:金奖 4 人,奖金 40 000 美元／人;银奖 6 人,奖金 20 000 美元／人;铜奖 10 人,奖金 10 000 美元／人;优秀奖(新增奖项)50 人,奖金 5 000 美元／人.

2022 年阿里巴巴全球数学竞赛预选赛共有 8 道题,分为 3 道单选题,2 道证明题和 3 道解答题.其中最后一道题就与傅里叶级数相关.

试题 开幕式的节目设计.

假设你被冬奥会开幕式的导演选为技术助理,负责用数学知识研究设计方案的合理性.在开幕式的备选节目中,有一个方案是让一群由无人机控制的吉祥物绕一个圆圈形状的场地滑冰.因为无人机足够多(但是不会拥堵或者相撞),我们认为可以用一个概率密度函数 $\rho(t,v)(\geqslant 0)$ 来刻画无人机的分布.因为场地是圆环形的,所以我们可以认为速度 $v \in \mathbf{R}$.它表示无人机的线速度.那么,对于任意给定的时间 t 和两个速度 $v_1 < v_2$,有

$$\int_{v_1}^{v_2} \rho(t,v)\mathrm{d}v$$

表示全体无人机中速度介于 v_1 和 v_2 之间的概率.

由于无人机的运动机理,已知这个密度函数的演化满足如下的方程

$$\rho_t + ((u(t) - v)\rho)_v = \rho_{vv} \quad (v \in \mathbf{R}, t > 0)$$

其中,$u(t)$ 为无人机的指令速度.

(1) 为了研究怎么给无人机合适的指令速度,大宝给导演提议说,应该让

$$u(t) = u_0 + u_1 N(t)$$

其中 $u_0 > 0, u_1 > 0$,而 $N(t)$ 表示无人机的速度正部($v_+ = \max\{0, v\}$)的平均

$$N(t) = \int_{-\infty}^{+\infty} v_+ \rho(t,v)\mathrm{d}v = \int_0^{+\infty} v\rho(t,v)\mathrm{d}v$$

但是,你善意地提醒道,如果 $u_1 > 1$,那么 $N(t)$ 在演化过程中不会有上界,以致很快引起无人机的故障.你可以证明你的上述结论吗?(为了方便讨论,我们忽略 ρ 及其导数在 $|v| \to +\infty$ 时的贡献.)

(2) 在采纳了大宝和你的建议后,导演又在考虑这些无人机是否会在滑行中在圆圈场地上均匀分布,于是我们需要考虑关于速度和位置的联合密度函数 $p(t,x,v)(\geqslant 0)$.这里 $x \in [0,2\pi]$ 表示无人机在圆圈上的相对位置,显然 $\int_0^{2\pi} p(t,x,v)\mathrm{d}x = \rho(t,v)$.已知这个联合密度函数的演化满足

$$p_t + vp_x + ((u(t) - v)p)_v = p_{vv} \quad (x \in [0, 2\pi], v \in \mathbf{R}, t > 0)$$

且由于无人机在绕圈滑行,在 x 方向上满足如下条件

$$p(t, 0, v) = p(t, 2\pi, v) \quad (v \in \mathbf{R}, t > 0)$$

你大胆猜测:无论初始分布如何,无人机很快就在圆圈上接近一个均匀分布.你可以证明或者证伪这个命题吗?(为了方便讨论,我们忽略 p 及其导数在 $|v| \to +\infty$ 时的贡献.)

解 （1）我们定义平均速度

$$M(t) = \int_{-\infty}^{+\infty} v p(t, v) \, \mathrm{d}v$$

直接计算得

$$\begin{aligned}
\frac{\mathrm{d}}{\mathrm{d}t} M(t) &= \frac{\mathrm{d}}{\mathrm{d}t} \int_{-\infty}^{+\infty} v p(t, v) \, \mathrm{d}v \\
&= \int_{-\infty}^{+\infty} v p_t(t, v) \, \mathrm{d}v \\
&= \int_{-\infty}^{+\infty} v(-(u(t) - v)\rho + \rho_v)_v \, \mathrm{d}v \\
&= \int_{-\infty}^{+\infty} ((u(t) - v)\rho - \rho_v) \, \mathrm{d}v \\
&= u(t) - M(t) \\
&= u_0 + u_1 N(t) - M(t)
\end{aligned}$$

由于 $M(t) \leqslant N(t)$,又显然 $N(t) \geqslant 0$,我们得到

$$\frac{\mathrm{d}}{\mathrm{d}t} M(t) \geqslant u_0 + (u_1 - 1)N(t) \geqslant u_0 > 0$$

则当 $t \to +\infty$ 时,我们有 $M(t) \to +\infty$.

而 $N(t) \geqslant M(t)$,所以 $N(t)$ 也将发散到正无穷.

（2）由于 x 方向的周期边界条件,我们将方程的解写成如下傅里叶级数的形式

$$p(t, x, v) = \frac{1}{2\pi} \sum_{k=-\infty}^{+\infty} p_k(t, v) \mathrm{e}^{ikx}$$

其中

$$p_k(t, v) = \int_0^{2\pi} p(t, x, v) \mathrm{e}^{-ikx} \, \mathrm{d}x$$

那么,我们需要证明当 $k \neq 0$ 时,$p_k(t, v)$ 将衰减.

我们首先利用傅里叶级数的正交性,可得 p_k 满足

$$\partial_t p_k + ikv p_k = -\partial_v((u(t) - v)p_k)_v + \partial_{vv} p_k \quad (t > 0, k \in \mathbf{Z}, v \in \mathbf{R})$$

为了进一步求解,下面使用关于 v 的傅里叶变换. 令

$$\hat{p}_k(t,\xi) = \frac{1}{\sqrt{2\pi}} \int_{-\infty}^{+\infty} p_k(t,v) e^{-iv\xi} \, dv$$

经过计算,可以得到 $\hat{p}_k(t,\xi)$ 满足以下的方程

$$\partial_t \hat{p}_k + (\xi - k)\partial_\xi \hat{p}_k = -(i\xi u(t) + \xi^2)\hat{p}_k$$

接下来,我们使用特征线法求解此方程. 考虑如下特征线方程

$$\frac{d}{dt}\xi_k(t) = \xi_k(t) - k$$

其通解为

$$\xi_k(t) - k = e^{t-s}(\xi_k(s) - k)$$

沿着特征线,我们得到

$$\hat{p}_k(t,\xi_k(t)) = \hat{p}_k(0,\xi_k(0)) e^{-\int_0^t (\xi_k(s))^2 + iu(s)\xi_k(s) \, ds}$$

再利用特征线的通解,我们可得

$$\hat{p}_k(t,\xi) = \hat{p}_k(0,(\xi - k)e^{-t} + k) e^{-H_{t,k}(\xi - k)}$$

其中

$$H_{t,k}(z) = \frac{1 - e^{-2t}}{2} z^2 + 2k(1 - e^{-t})z + i\int_0^t u(s) e^{-(t-s)} \, ds \, z +$$

$$k^2 t + ik \int_0^t u(s) \, ds$$

然后,经过傅里叶逆变换,我们可以得到 $p_k(t,v)$ 的表达式

$$p_k(t,v) = e^{-ikv}(p_{t,k} * G_{t,k})(v)$$

其中,$p_{t,k}(y)$ 的定义如下

$$p_{t,k}(y) := e^t p_{0,k}(e^t y)$$

$$p_{0,k}(v) := e^{-ikv} \int_0^{2\pi} p_{\mathrm{init}}(x,v) e^{-ikx} \, dx$$

而 $G_{t,k}(z)$ 是一个复值的高斯(Gauss)函数,表达式如下

$$G_{t,k}(z) = \frac{1}{\sqrt{2\pi}\sigma} \exp\left(-\frac{(z - \mu)^2}{2\sigma^2}\right) \exp(ik\Theta) \exp(-k^2 D)$$

这里

$$\mu(t) = \int_0^t e^{-(t-s)} u(s) \, ds, \quad \sigma(t) = \sqrt{1 - e^{-2t}}$$

$$\Theta(t,z) = -\frac{2(z-\mu(t))}{1-\mathrm{e}^{-t}} - \int_0^t u(s)\mathrm{d}s,\ D(t) = t - 2\frac{1-\mathrm{e}^{-t}}{1+\mathrm{e}^{-t}}$$

我们注意到,当 $t > 0$ 时,高斯函数 $G_{t,k}$ 由于衰减因子 $\exp(-k^2 D)$ 的存在将衰减,这个衰减速率对于 t 充分大时是指数型的. 最后,利用卷积不等式,我们可以得到

$$\| p_k(t,v) \|_{L^1(\mathbf{R})} = \| \mathrm{e}^{ikv}(p_{t,k} * G_{t,k})(v) \|_{L^1(\mathbf{R})}$$

$$\leqslant \| p_{t,k}(g) \|_{L^1(\mathbf{R})} \| G_{t,k} \|_{L^1(\mathbf{R})}$$

$$= \| p_{0,k}(g) \|_{L^1(\mathbf{R})} \mathrm{e}^{-k^2 D(t)}$$

这证明了,当 $k \neq 0$ 时,$p_k(t,v)$ 将迅速衰减,因而 $p(t,x,v)$ 将充分接近 $\frac{1}{\pi} p_0(t,v)$,这对应了一个空间方向的均匀分布.

§4　傅里叶其人

在今日之中国,重提傅里叶是有现实意义的,借助傅里叶的人生经历,人们可以知道是金子总会发光的.

首先可以说傅里叶输在了起跑线上,让•巴蒂斯特•约瑟夫•傅里叶(Jean Baptiste Joseph Fourier)1768 年 3 月 21 日生于法国的欧塞尔. 他是一位裁缝的儿子,这个出身对傅里叶的影响是巨大和深远的. 多年后当他准备当炮兵时,评语写道:"裁缝之子,不予录取",尽管他是第二个牛顿. 正如法国大作家司汤达在小说《红与黑》中所描写的,法国当时男青年的理想和出路就两条,"红"是当教士,"黑"是当军官,所以傅里叶虽然是军事学校毕业,但得不到军官委任状,他才选择了教士这个职业,进入圣伯努瓦修道院,成为一名见习修士.

在巨变的时代洪流下,个人是无能为力的,所以有人总结出:时也,命也. 可以说傅里叶的命不错. 他 8 岁时成为孤儿,一位慈善的太太被他的礼貌和大方的举止所深深吸引,于是就把他推荐给了欧塞尔的主教,主教把傅里叶送进了当地本笃会教派办的军事学校. 在那里,他不久就证明了他的天赋.

当他在圣伯努瓦修道院还没来得及宣誓时,1789年就来到了,法国大革命爆发了. 他自由了,在他欧塞尔的老朋友们的宽宏大量中,足可看出傅里叶决不会成为一名修士,他们把他领了回去,并让他当了数学教授. 这是实现他的抱负的第一步,也是一大步.

傅里叶人生最大的幸运是得到了拿破仑的赏识,颇符合中国古代文人那种"学

好文武艺,货与帝王家"的人生理想.

拿破仑是第一位冷静地看出无知本身将成事不足、败事有余的法国皇帝,这也是他不朽的功绩.当时法国大革命失控,傅里叶没有看到他所预言的对科学的慷慨鼓励.相反,他不久就看到了科学家们被押送进死刑犯的囚车,或逃亡国外.科学本身也在迅速高涨的野蛮暴行的潮水中挣扎.拿破仑决定进行补救,虽然他自己的补救办法最后也不见得就好多少,但他确实认识到了文明这种东西是可能的,为了制止更多的流血,拿破仑下令或鼓励开办学校.但是当时缺乏教师,因为本来可以强迫来立即服务的人,早就身首异处了.必须要训练一支多达 1 500 人的教师队伍,为了这个目标,1794 年法国创办了高等师范学校,傅里叶被聘为数学教授,借以奖励他在欧塞尔为招募教师而付出的努力.

1802 年 1 月 2 日,傅里叶被任命为伊泽尔省督,总部设在格勒诺布尔,他相当于中国古代的封疆大吏.这个地区当时正处于政治骚乱中,傅里叶的首要任务就是恢复秩序.他遇到了一场奇怪的反抗,并用一种荒谬可笑的方式将其平息了下去.傅里叶跟随拿破仑远征埃及时曾负责学院的考古研究,当他们在家乡附近进行进一步的考古挖掘——挖出了一个他们自己家族的圣徒,神圣的皮埃尔·傅里叶(Pierre Fourier)时,他们相当满意,并把傅里叶视为他们的密友.这位圣徒是傅里叶的叔祖父,他之所以被作为圣徒来纪念,是因为他曾经创立过一个宗教教派.这样,傅里叶的威信就建立起来了,接着他便完成了大量有益的工作,排干沼泽地的水,扑灭疟疾,如此等等,使他的管区脱离了中世纪的状态.

尽管从数学史上纵观,傅里叶足以跻身著名数学家的行列,但他也有常人所具有的缺陷,首先就是不愿接受批评.他在 1807 年提交了第一篇关于热传导的论文,这篇论文是划时代的,以至于科学院把他对热学的数学理论的贡献设为在 1812 年的大奖问题,以此鼓励傅里叶继续研究.傅里叶虽然最后赢得了大奖,但并不是没有接收到批评和意见,他对这些意见感到很不愉快,但是他还是接受了.

著名的法国"三 L":拉普拉斯(Laplace)、拉格朗日(Lagrange)、勒让德(Legendre)是傅里叶的论文的评阅人.大师到底是大师,他们在承认傅里叶工作的创新性和重要性的同时,指出其在数学处理上还有缺陷,并且在严格性方面尚有许多有待改进之处.拉格朗日之所以能指出傅里叶论文中的问题,是因为他也曾经考虑过类似的问题,并且得到过傅里叶定理中的一些特殊情形.但是正是因为有他现在指出的困难,使他没能获得一般的结果.这些难以捉摸的困难具有那样一种性质,在当时要克服它们几乎是不可能的.大约经历了一个多世纪之后,人们才最终得到了满意的解决.

傅里叶在老年时犯了大多数老年人的通病:夸夸其谈.

法兰西科学院不顾波旁王朝的反对,坚持选举傅里叶为科学院院士.之前人们发现他在拿破仑下台后在巴黎典当他的财物,以维持生计,所以他的老朋友们可怜他,不想让他饿死,为他谋到了塞纳省统计局局长的差事.

傅里叶的最后几年,在夸夸其谈中荒废了,作为科学院的终身秘书,他总是能找到听众.要说他吹嘘他在拿破仑手下取得的成就,那实在是说得太婉转了.他变成了一个令人难以忍受的大喊大叫的讨厌的家伙,他没有继续做科学研究工作,而是向他的听众吹嘘他打算做什么.然而,他对科学的发展已做了比他分内更多的工作,如果有任何人类的工作堪称不朽的话,那么傅里叶的工作就是,他其实并不需要自吹自擂或虚张声势.

最后我们想借傅里叶的人生经历告诫大家一点,不论多么伟大的数学家,其认知都是有其边界的,过了这个边界,他就很有可能由"神人"变为一个"愚汉".近年有一句貌似真理的话在大众自媒体中流传:一个人永远挣不到他认知以外的钱,如果认知不够,那么他凭努力挣到的钱一定会凭实力亏回去.同样,我们也可以断言,一个人不会活到他认知极限的寿命,他完全可能会因其错误的认知而短寿.这一点在傅里叶身上得到了应验.傅里叶曾受拿破仑青睐而被带到了埃及,这个时期是他的高光时刻,傅里叶在埃及的经历,使他养成了一种奇怪的习惯,这个习惯可能加速了他的死亡.他认为,沙漠的炎热是对健康最理想的条件,他不仅把自己像木乃伊似地裹起来,还住在那样的房子里,他那些没有被"烤熟"的朋友们说,屋里比地狱和撒哈拉沙漠加在一起还要热.1830 年 5 月 16 日,他因心脏病(有人说是动脉瘤)去世,享年 63 岁.

§5　傅里叶级数简介

世界著名数学家威廉·汤姆森(William Thomson)和 P. G. 泰特(P. G. Tait)曾说过:"傅里叶定理不仅是现代分析学中最美妙的结果之一,也可以说它为解决现代物理学中几乎每一个难解的问题提供了一种不可缺少的工具."

世界著名数学史家贝尔(Baire)也赞誉说:"傅里叶属于杰出的数学家,他的工作是那么重要,他的名字已成为各种文明语言中的形容词."

德国数学教授顾樵(Qiao Gu)指出:如同我们熟知的泰勒(Taylor)级数一样,

傅里叶级数是一种特殊形式的函数展开. 一个函数按泰勒级数展开时, 基底函数取 $1, x, x^2, x^3, \cdots$, 而一个函数按傅里叶级数展开时, 基底函数取 $1, \cos x, \cos 2x$, $\cos 3x, \cdots, \sin x, \sin 2x, \sin 3x, \cdots$. 与泰勒级数不同的是, 在傅里叶级数中, 任意两个不同的基底函数在 $[0, 2\pi]$ 上是正交的, 即

$$\int_0^{2\pi} 1 \cdot \cos nx \, dx = 0, \int_0^{2\pi} 1 \cdot \sin nx \, dx = 0 \qquad (5.1a)$$

$$\int_0^{2\pi} \cos mx \cdot \cos nx \, dx = 0 \quad (m \neq n), \int_0^{2\pi} \sin mx \cdot \sin nx \, dx = 0 \quad (m \neq n)$$
$$(5.1b)$$

$$\int_0^{2\pi} \cos mx \cdot \sin nx \, dx = 0 \quad (m \neq n \text{ 或 } m = n) \qquad (5.1c)$$

这里, $m, n = 1, 2, 3, \cdots$. 我们将会看到基底函数的正交性对一个函数的傅里叶展开是至关重要的. 傅里叶级数是一种很自然的函数展开形式, 不但能够解决某些应用数学的经典问题, 而且是描述许多重要物理现象的基础, 如力学、声学、电子学以及信号分析等.

1. 周期函数的傅里叶级数

一个傅里叶级数在一般情况下可表示为

$$f(x) = a_0 + \sum_{n=1}^{\infty} (a_n \cos nx + b_n \sin nx) \qquad (5.2)$$

其中, a_0, a_n 和 b_n 是展开系数. 假定一个周期为 2π 的函数 $f(x), f(x+2\pi) = f(x)$, 能按式 (5.2) 展开, 现在计算其中的展开系数. 为此, 对式 (5.2) 两边在 $[0, 2\pi]$ 范围积分, 并利用式 (5.1a), 我们有

$$\int_0^{2\pi} f(x) \, dx = \int_0^{2\pi} \left[a_0 + \sum_{n=1}^{\infty} (a_n \cos nx + b_n \sin nx) \right] dx$$

$$= 2\pi a_0 + \sum_{n=1}^{\infty} a_n \underbrace{\int_0^{2\pi} \cos nx \, dx}_{=0} + \sum_{n=1}^{\infty} b_n \underbrace{\int_0^{2\pi} \sin nx \, dx}_{=0}$$

$$= 2\pi a_0$$

这样

$$a_0 = \frac{1}{2\pi} \int_0^{2\pi} f(x) \, dx \qquad (5.3)$$

注意 a_0 是函数 $f(x)$ 在区间 $[0, 2\pi]$ 的平均值. 为了计算系数 a_n, 对式 (5.2) 两边同乘以 $\cos mx \, (m = 1, 2, 3, \cdots)$, 然后在 $[0, 2\pi]$ 范围积分, 并利用式 (5.1), 我们有

$$\int_0^{2\pi} f(x)\cos mx\,\mathrm{d}x = \int_0^{2\pi} \cos mx \left[a_0 + \sum_{n=1}^{\infty} (a_n\cos nx + b_n\sin nx) \right]\mathrm{d}x$$

$$= a_0 \underbrace{\int_0^{2\pi} \cos mx\,\mathrm{d}x}_{=0} + \sum_{n=1}^{\infty} b_n \underbrace{\int_0^{2\pi} \cos mx\sin nx\,\mathrm{d}x}_{=0} +$$

$$\sum_{n=1}^{\infty} a_n \int_0^{2\pi} \cos mx\cos nx\,\mathrm{d}x$$

$$= \sum_{n=1}^{\infty} a_n \begin{cases} \pi & (m=n) \\ 0 & (m\neq n) \end{cases}$$

$$= \pi \sum_{n=1}^{\infty} a_n \delta_{mn} \tag{5.4}$$

其中,符号 δ_{mn} 定义为

$$\delta_{mn} = \begin{cases} 1 & (m=n) \\ 0 & (m\neq n) \end{cases} \tag{5.5}$$

它称为克罗内克(Kronecker)符号,这是一个非常有用的符号. 为了熟悉它的作用,我们仔细分析式(5.4)最后的求和,将它展开为

$$\sum_{n=1}^{\infty} a_n \delta_{mn} = a_1\delta_{m1} + a_2\delta_{m2} + \cdots + a_m\delta_{mm} + a_{m+1}\delta_{m,m+1} + \cdots \tag{5.6}$$

利用式(5.5)考察式(5.6)中每一项的 δ_{mn},容易看出,只有 $\delta_{mm}=1$,其余的都等于 0,于是 $\sum_{n=1}^{\infty} a_n\delta_{mn} = a_m$,这样我们由式(5.4)得到

$$a_n = \frac{1}{\pi} \int_0^{2\pi} f(x)\cos nx\,\mathrm{d}x \tag{5.7a}$$

类似地,对式(5.2)两边同乘以 $\sin mx(m=1,2,3,\cdots)$,积分后得到

$$b_n = \frac{1}{\pi} \int_0^{2\pi} f(x)\sin nx\,\mathrm{d}x \tag{5.7b}$$

在式(5.7)中,$n=1,2,3,\cdots$. 我们的结论是,一个周期为 2π 的函数 $f(x)$ 可以按傅里叶级数(5.2)展开,其中的系数 a_0,a_n,b_n 由式(5.3)和式(5.7)确定.

这里需要说明,式(5.3)和式(5.7)的积分范围为 $[0,2\pi]$,这种情况在数学物理方法的问题中经常出现. 如果从一开始就取积分范围为 $[-\pi,\pi]$,在最后的结果中,展开系数的表达式与式(5.3)和式(5.7)相同,只是积分范围变为 $[-\pi,\pi]$. 事实上,由于被积函数是以 2π 为周期的,积分范围可以选取任意一个宽度为 2π 的区间.

现在我们讨论一个很重要的问题,即函数 $f(x)$ 的傅里叶级数(5.2)的收敛性.

这个问题由迪利克雷(Dirichlet)定理描述,以下为该定理的完整叙述.

假定:

(1)$f(x)$ 在 $(-\pi,\pi)$ 内除有限个点以外有定义且单值;

(2)$f(x)$ 在 $(-\pi,\pi)$ 外是周期函数,周期为 2π;

(3)$f(x)$ 和 $f'(x)$ 在 $(-\pi,\pi)$ 内分段连续(即 $f(x)$ 分段光滑),则傅里叶级数收敛于

$$a_0 + \sum_{n=1}^{\infty}(a_n\cos nx + b_n\sin nx) = f(x) \quad (\text{在 } x \text{ 的连续点}) \qquad (5.8a)$$

$$a_0 + \sum_{n=1}^{\infty}(a_n\cos nx + b_n\sin nx) = \frac{f(x-0)+f(x+0)}{2} \quad (\text{在 } x \text{ 的间断点})$$

$$(5.8b)$$

其中,$f(x-0)$ 和 $f(x+0)$ 是 $f(x)$ 在 x 处的左极限和右极限.迪利克雷定理的含义是,如果将一个函数 $f(x)$ 按式(5.2)展开,其中的展开系数 a_0,a_n,b_n 由式(5.3)和式(5.7)计算,将算出的 a_0,a_n,b_n 代入展开式(5.2),得到傅里叶级数.这个傅里叶级数在原函数的一个连续点 x 处给出 $f(x)$ 的值,在原函数的一个间断点 x 处给出 $\dfrac{f(x-0)+f(x+0)}{2}$ 的值.

需要说明,迪利克雷定理中加于 $f(x)$ 的条件(1)(2)(3)是傅里叶级数收敛的充分条件,但不是必要条件,在实际问题中这些条件通常是满足的.目前尚不清楚傅里叶级数收敛的必要且充分的条件.图 2 显示了一个函数 $f(x)$ 与它的傅里叶级数的比较,即 $a_0 + \sum_{n=1}^{\infty}(a_n\cos nx + b_n\sin nx)$ 的比较,其中 a_0,a_n,b_n 由式(5.3)和式(5.7)给出.傅里叶级数在原函数的连续点收敛于 $f(x)$,在原函数的间断点收敛于 $\dfrac{f(x-0)+f(x+0)}{2}$.

迪利克雷定理有着非常广泛的用途,它不但可以确定以 2π 为周期的函数的傅里叶级数的收敛性,而且适用于随后讨论的半幅傅里叶级数、傅里叶积分以及傅里叶变换.我们将会看到,在分析级数(及积分)收敛行为的过程中,迪利克雷定理能给出许多重要的信息(比如给出许多重要的求和公式和积分公式),它们是该理论体系的重要产物.关于迪利克雷定理的证明,传统的方法比较繁复.

上述傅里叶级数可以推广到以 $2L$ 为周期的函数,即 $f(x+2L)=f(x)$.在这种情况下,式(5.2)变为

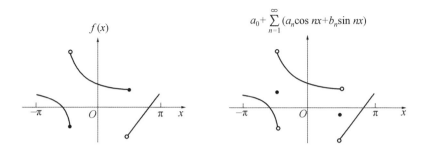

图 2 一个以 2π 为周期的分段光滑的函数 $f(x)$ 与它的傅里叶级数

$$f(x) = a_0 + \sum_{n=1}^{\infty}\left(a_n\cos\frac{n\pi}{L}x + b_n\sin\frac{n\pi}{L}x\right) \tag{5.9}$$

其中的展开系数可以按照得到式(5.3)和式(5.7)的方法求出,结果为

$$a_0 = \frac{1}{2L}\int_{-L}^{L} f(t)\mathrm{d}t \tag{5.10a}$$

$$a_n = \frac{1}{L}\int_{-L}^{L} f(t)\cos\frac{n\pi}{L}t\,\mathrm{d}t \tag{5.10b}$$

$$b_n = \frac{1}{L}\int_{-L}^{L} f(t)\sin\frac{n\pi}{L}t\,\mathrm{d}t \tag{5.10c}$$

需要注意,式(5.10)的被积函数有周期 $2L$,因此其中的积分区间 $(-L,L)$ 可以用任意一个宽度为 $2L$ 的区间代替,如 $(-L+x,L+x)$,这样

$$\int_{-L+x}^{L+x}\cdots\mathrm{d}t = \int_{-L}^{L}\cdots\mathrm{d}t \tag{5.11}$$

现在我们通过一个例题说明傅里叶级数的基本含义.

例 1 讨论图 3 所示的锯齿函数

$$f(x) = \begin{cases} \dfrac{1}{2}(\pi - x) & (0 < x \leqslant 2\pi) \\ f(x + 2\pi) & (x\text{ 在其他点}) \end{cases} \tag{5.12}$$

的傅里叶级数.

解 利用式(5.3)和式(5.7),我们有

$$a_0 = \frac{1}{2\pi}\int_0^{2\pi} f(x)\mathrm{d}x$$

$$= \frac{1}{2\pi}\int_0^{2\pi}\frac{1}{2}(\pi - x)\mathrm{d}x$$

$$= 0$$

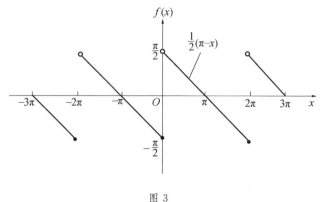

图 3

$$a_n = \frac{1}{\pi} \int_0^{2\pi} \frac{1}{2} (\pi - x) \cos nx \, dx$$

$$= \frac{1}{2\pi} \left[\pi \int_0^{2\pi} \cos nx \, dx - \int_0^{2\pi} x \cos nx \, dx \right]$$

$$\left(利用 \int x \cos ax \, dx = \frac{1}{a^2} \cos ax + \frac{x}{a} \sin ax \right)$$

$$= 0$$

$$b_n = \frac{1}{\pi} \int_0^{2\pi} \frac{1}{2} (\pi - x) \sin nx \, dx$$

$$= \frac{1}{2\pi} \left[\pi \int_0^{2\pi} \sin nx \, dx - \int_0^{2\pi} x \sin nx \, dx \right]$$

$$\left(利用 \int x \sin ax \, dx = \frac{1}{a^2} \sin ax - \frac{x}{a} \cos ax \right)$$

$$= \frac{1}{2\pi} \cdot \frac{2\pi}{n} = \frac{1}{n}$$

于是锯齿函数 f 的傅里叶级数为

$$\sum_{n=1}^{\infty} \frac{\sin nx}{n} \tag{5.13}$$

这个级数的部分和(前 m 项之和)为

$$S_m(x) = \sum_{n=1}^{m} \frac{\sin nx}{n} \tag{5.14}$$

$S_m(x)$ 对于不同 m 值的图像显示在图 4 中. 可以看出,随着求和项数 m 的增加,$S_m(x)$ 逐渐趋于图 3 所示的函数 $f(x)$. 当 $m \to \infty$ 时,按照迪利克雷定理,傅里叶级数(5.13)在连续点收敛于 $f(x)$,在间断点($x = 0, \pm 2\pi, \pm 4\pi, \cdots$)收敛于 $\dfrac{f(x-0) + f(x+0)}{2} = 0$,

如图 5 所示.

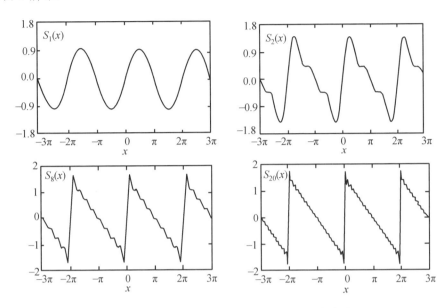

图 4　锯齿函数的傅里叶级数的部分和 $S_m(x)$，来自式(5.14)

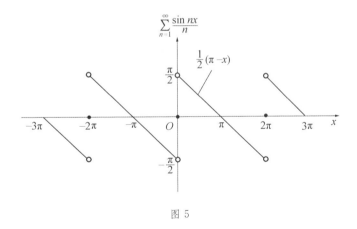

图 5

特别地,傅里叶级数(5.13)在连续区域 $0 < x < 2\pi$ 收敛于 $\dfrac{1}{2}(\pi - x)$，即

$$\sum_{n=1}^{\infty} \frac{\sin nx}{n} = \frac{1}{2}(\pi - x) \quad (0 < x < 2\pi) \tag{5.15}$$

这是一个重要的求和公式.我们看到,在讨论傅里叶级数(5.13)收敛行为的过程中,自然得到了这个公式.

2. 半幅傅里叶级数

在许多实际问题中,如开始提到的试题,函数 $\phi(x)$ 是一个定义在有限区间 $0 < x < L$ 上的任意函数,因为它不具有周期性,1 小节中的结果是不适用的. 而这样的函数能展开为所谓的半幅傅里叶级数(half-range Fourier series). 事实上,若 $\phi(x)$ 在 $0 < x < L$ 内是分段光滑的,则 $\phi(x)$ 有正弦函数展开式

$$\phi(x) = \sum_{n=1}^{\infty} C_n \sin \frac{n\pi x}{L} \tag{5.16}$$

其中,展开系数为

$$C_n = \frac{2}{L} \int_0^L \phi(x) \sin \frac{n\pi x}{L} \mathrm{d}x \quad (n = 1, 2, 3, \cdots) \tag{5.17}$$

另外,$\phi(x)$ 还有余弦函数展开式

$$\phi(x) = D_0 + \sum_{n=1}^{\infty} D_n \cos \frac{n\pi x}{L} \tag{5.18}$$

其中,展开系数为

$$D_0 = \frac{1}{L} \int_0^L \phi(x) \mathrm{d}x \tag{5.19a}$$

和

$$D_n = \frac{2}{L} \int_0^L \phi(x) \cos \frac{n\pi x}{L} \mathrm{d}x \quad (n = 1, 2, 3, \cdots) \tag{5.19b}$$

下面我们推导式(5.16)的展开系数,为此首先计算下面的积分

$$\int_0^L \sin \frac{m\pi x}{L} \sin \frac{n\pi x}{L} \mathrm{d}x \quad (m, n = 1, 2, 3, \cdots)$$

$$= \frac{1}{2} \int_0^L \left[\cos \frac{(m-n)\pi x}{L} - \cos \frac{(m+n)\pi x}{L} \right] \mathrm{d}x$$

$$= \frac{L}{2\pi} \left[\frac{1}{m-n} \sin \frac{(m-n)\pi x}{L} - \frac{1}{m+n} \sin \frac{(m+n)\pi x}{L} \right]_0^L$$

$$= \frac{L}{2\pi} \left[\frac{\sin(m-n)\pi}{m-n} - \frac{\sin(m+n)\pi}{m+n} \right]$$

$$= 0 \quad (m \neq n)$$

而

$$\int_0^L \sin \frac{m\pi x}{L} \sin \frac{n\pi x}{L} \mathrm{d}x = \frac{L}{2} \quad (m = n) \tag{5.20}$$

统一表示为

$$\int_0^L \sin\frac{m\pi x}{L}\sin\frac{n\pi x}{L}\mathrm{d}x = \frac{L}{2}\delta_{mn} \tag{5.21}$$

现在,对式(5.16)两边同乘以 $\sin\dfrac{m\pi x}{L}$ $(m=1,2,3,\cdots)$,然后在区间$(0,L)$积分,并利用式(5.21),我们有

$$\int_0^L \phi(x)\sin\frac{m\pi x}{L}\mathrm{d}x = \int_0^L \sin\frac{m\pi x}{L}\left(\sum_{n=1}^{\infty} C_n\sin\frac{n\pi x}{L}\right)\mathrm{d}x \quad (m,n=1,2,3,\cdots)$$

$$= \sum_{n=1}^{\infty} C_n\int_0^L \sin\frac{m\pi x}{L}\sin\frac{n\pi x}{L}\mathrm{d}x$$

$$= \frac{L}{2}\sum_{n=1}^{\infty} C_n\delta_{mn} = \frac{L}{2}C_m$$

它给出式(5.17)的结果.下面推导式(5.18)的展开系数.首先,直接对式(5.18)两边积分,得到

$$\int_0^L \phi(x)\mathrm{d}x = D_0\int_0^L \mathrm{d}x + \sum_{n=1}^{\infty} D_n\underbrace{\int_0^L \cos\frac{n\pi x}{L}\mathrm{d}x}_{=0} \tag{5.22}$$

它给出式(5.19a).现在推导展开系数(5.19b),先按照得到式(5.21)的方法,求出下面的积分

$$\int_0^L \cos\frac{m\pi x}{L}\cos\frac{n\pi x}{L}\mathrm{d}x = \frac{L}{2}\delta_{mn} \tag{5.23}$$

然后对式(5.18)两边同乘以 $\cos\dfrac{m\pi x}{L}$ $(m=1,2,3,\cdots)$,并在区间$(0,L)$积分,再利用 $\displaystyle\int_0^L \cos\frac{m\pi x}{L}\mathrm{d}x = 0$ 及式(5.23),最终得到式(5.19b).

需要强调,半幅傅里叶级数的收敛性服从式(5.8)所示的迪利克雷定理,即级数(5.16)和级数(5.18)在函数 $\phi(x)$ 的连续点收敛于 ϕ,在它的间断点收敛于 $\dfrac{\phi(x-0)+\phi(x+0)}{2}$.

上面介绍的半幅傅里叶级数在有限区间问题中有非常广泛的应用,对于具体的问题,特别是数学物理方法的不同边值问题,半幅傅里叶级数呈现不同的形式,除了式(5.16)和式(5.18)的形式,还能取

$$\phi(x) = \sum_{n=0}^{\infty} C_n\sin\frac{(2n+1)\pi x}{2L} \tag{5.24}$$

$$\phi(x) = \sum_{n=0}^{\infty} D_n\cos\frac{(2n+1)\pi x}{2L} \tag{5.25}$$

的形式,其中的展开系数为

$$C_n = \frac{2}{L}\int_0^L \phi(x)\sin\frac{(2n+1)\pi x}{2L}dx \qquad (5.26)$$

$$D_n = \frac{2}{L}\int_0^L \phi(x)\cos\frac{(2n+1)\pi x}{2L}dx \qquad (5.27)$$

例 2　将图 6 所示的函数 $\phi(x) = \sin x(0 \leqslant x \leqslant \pi)$ 展开成半幅傅里叶级数.

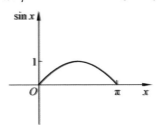

图 6

解　将函数 $\phi(x) = \sin x(0 \leqslant x \leqslant \pi)$ 按式(5.16)展开时,只有一项 $\sin x$. 现在将它按余弦函数式(5.18)展开,我们有

$$D_0 = \frac{1}{L}\int_0^L \phi(x)dx = \frac{1}{\pi}\int_0^\pi \sin x\,dx = \frac{2}{\pi}$$

$$D_n = \frac{2}{L}\int_0^L \phi(x)\cos\frac{n\pi x}{L}dx = \frac{2}{\pi}\int_0^\pi \sin x\cos nx\,dx$$

$$= \frac{1}{\pi}\int_0^\pi [\sin(x+nx) + \sin(x-nx)]dx$$

$$= \frac{1}{\pi}\left[\frac{1-\cos(n+1)\pi}{n+1} - \frac{1-\cos(n-1)\pi}{n-1}\right]$$

$$= \frac{1}{\pi}\left(\frac{1+\cos n\pi}{n+1} - \frac{1+\cos n\pi}{n-1}\right)$$

$$= -\frac{2(1+\cos n\pi)}{\pi(n^2-1)} \quad (n \neq 1)$$

当 $n = 1$ 时

$$D_1 = \frac{2}{\pi}\int_0^\pi \sin x\cos x\,dx = \frac{1}{\pi}\int_0^\pi \sin 2x\,dx = 0 \qquad (5.28)$$

于是半幅傅里叶级数(5.18)给出

$$f(x) = \frac{2}{\pi} - \frac{2}{\pi}\sum_{n=2}^\infty \frac{1+\cos n\pi}{n^2-1}\cos nx$$

$$= \frac{2}{\pi} - \frac{2}{\pi}\sum_{n=2}^\infty \frac{1+(-1)^n}{n^2-1}\cos nx \qquad \left[1+(-1)^n = \begin{cases} 0 & (n=1,3,5,\cdots) \\ 2 & (n=0,2,4,\cdots) \end{cases}\right]$$

$$= \frac{2}{\pi} - \frac{4}{\pi} \left(\frac{\cos 2x}{2^2 - 1} + \frac{\cos 4x}{4^2 - 1} + \frac{\cos 6x}{6^2 - 1} + \cdots \right)$$

$$= \frac{2}{\pi} - \frac{4}{\pi} \sum_{k=1}^{\infty} \frac{\cos 2kx}{(2k)^2 - 1}$$

由于图 6 的函数在定义区间 $[0, \pi]$ 没有间断点,因此收敛于 $f(x)$,这样我们得到

$$\sin x = \frac{2}{\pi} - \frac{4}{\pi} \sum_{k=1}^{\infty} \frac{\cos 2kx}{(2k)^2 - 1} \quad (0 \leqslant x \leqslant \pi) \tag{5.29}$$

这是一个 $\sin x$ 的展开式. 在讨论图 6 所示函数的傅里叶级数收敛行为的过程中,我们自然地得到了它.

§6　傅里叶分析简介

本书的关键词是傅里叶分析(Fourier analysis),又称为调和分析,它是18世纪以后分析学中逐渐形成的一个重要分支,主要研究函数的傅里叶级数、傅里叶变换及其性质. 形如

$$\frac{1}{2} a_0 + \sum_{n=1}^{\infty} (a_n \cos nx + b_n \sin nx) \tag{6.1}$$

的级数,被称为三角级数,其中 $a_n(n=0,1,2,\cdots)$ 和 $b_n(n=1,2,\cdots)$ 是与 x 无关的实数,特别地,当级数(6.1)中的系数 a_n, b_n 可通过某个函数 $f(x)$ 用下列公式表示时,级数(6.1)被称为 $f(x)$ 的傅里叶级数

$$a_n = \frac{1}{\pi} \int_{-\pi}^{\pi} f(x) \cos nx \, dx \quad (n = 0, 1, 2, \cdots) \tag{6.2a}$$

$$b_n = \frac{1}{\pi} \int_{-\pi}^{\pi} f(x) \sin nx \, dx \quad (n = 1, 2, \cdots) \tag{6.2b}$$

式中,$f(x)$ 是周期为 2π 的可积函数.

18 世纪中叶以来,欧拉(Euler)、达朗贝尔(D'Alembert)和拉格朗日等人在研究天文学和物理学中的问题时,相继得到了某些函数的三角级数表达式. 人们逐渐意识到一个非周期函数可以表示成三角级数的形式,并开始寻求如何把所有类型的函数都表示成三角级数的方法. 但在当时占主导地位的思想认为并非任意的函数都可以用三角级数来表示. 到了 19 世纪,由于当时工业上处理金属的需要,法国数学家傅里叶开始从事热流动的研究. 1807 年,他向法国科学院呈交了一篇关于热传导问题的论文,提出了任意周期函数都可以用三角级数表示的想法,成为傅里叶分析的起源. 傅里叶在他的经典著作《热的解析理论》(1822)中系统地研究了函数

的三角级数表示问题,并断言"任意(实际上有一定条件)函数都可展开成三角函数",他列举了大量函数并运用图形来说明函数的这种级数表示的普遍性. 他还首先认为,如果 $f(x)$ 是一个以 2π 为周期的函数,通过式(6.2)可以得到一系列的 a_n, b_n,由此构造出的三角级数(6.1)就表示 $f(x)$. 级数(6.1)后来就被称为傅里叶级数.

傅里叶分析从诞生之日起,就围绕着"f 的傅里叶级数是否收敛于 f 自身"这个中心问题进行研究. 傅里叶提出这个问题时并没有进行严格的数学论证. 1829年,迪利克雷第一个给出 $f(x)$ 的傅里叶级数收敛于它自身的充分条件. 他证明,在一个周期上分段单调的周期函数 f 的傅里叶级数,在它的连续点上必收敛于 $f(x)$;若 f 在点 x 处不连续,则级数收敛于 $\dfrac{f(x+0)+f(x-0)}{2}$. 后来这个论断在1881年被约当(Jordan)推广到任意有界变差函数上. 顺便指出,迪利克雷正是在研究傅里叶级数收敛问题的过程中,才建立了近代的函数概念.

黎曼(Riemann)对傅里叶级数的研究也做出了贡献. 他在题为《关于用三角级数表示函数的可能性》(1854)的论文中,为了使更广泛的一类函数可以用傅里叶级数来表示,第一次明确地引进并研究了现在被称为黎曼积分的概念及其性质,使得积分这个分析学中的重要概念有了坚实的理论基础. 他证明了:若周期函数 $f(x)$ 在 $[0,2\pi]$ 上有界且可积,则当 n 趋于无穷时 f 的傅里叶系数趋于0. 此外,黎曼还建立了重要的局部性原理,即有界可积函数 $f(x)$ 的傅里叶级数在一点处的收敛性,仅仅依赖于 f 在该点近旁的性质.

当英国数学家斯托克斯(Stokes)和德国数学家赛德尔(Seidel)建立了函数项级数一致收敛性的概念之后,傅里叶级数的收敛问题进一步引起人们的重视. 德国数学家海涅(Heine)在1870年指出,有界函数 $f(x)$ 可以唯一地表示为三角级数这一结论,通常采用的论证方法是不完备的,因为傅里叶级数未必一致收敛,所以无法保证逐项积分的合理性. 德国数学家 G. 康托(G. Cantor)研究了函数用三角级数表示是否唯一的问题. 这个问题的研究又促进了对各种点集结构的探讨,最终导致康托集合论的创立.

1861年,德国数学家魏尔斯特拉斯(Weierstrass)利用三角级数构造了一个处处不可求导的连续函数,震惊了当时的数学界.

20世纪以来,傅里叶分析又获得了新的发展. 德国数学家勒贝格(Lebesgue)所建立的勒贝格积分和勒贝格测度的概念对傅里叶分析的研究产生了深远影响.

勒贝格用他的积分理论把前面提到的黎曼的工作又推进了一步.1904 年,匈牙利数学家费耶尔 (Fejer) 提出的所谓费耶尔求和法成功地用傅里叶级数表达连续函数,这是傅里叶级数理论的一个重要进展.此后,一门新的数学分支 —— 发散级数的求和理论应运而生.与此同时,傅里叶级数几乎处处收敛的问题引起人们的重视,特别是围绕着所谓卢津 (Luzin) 猜想,出现了一些精美的工作.

在 20 世纪前半叶,复变函数论方法已成为研究傅里叶级数的一个重要工具.英国数学家哈代 (Hardy) 和匈牙利数学家里斯 (Riesz) 等建立的单位圆上 H^p 空间的理论通过傅里叶级数来刻画函数类的特征,是傅里叶分析的重要课题.这方面的重要工作还有豪斯道夫 — 杨 (Hausdorff-Young) 定理和李特尔伍德 — 佩利 (Littlewood-Paley) 理论等成果.

以傅里叶级数理论为模式,可以在许多方向上进行推广.首先是从周期函数推广到实数域 $(-\infty, +\infty)$ 上的任意函数,这样就产生了傅里叶积分及傅里叶变换的理论.积分

$$\frac{1}{\pi} \int_0^{+\infty} \mathrm{d}u \int_{-\infty}^{+\infty} f(t) \cos u(x-t) \mathrm{d}t$$

被称为 f 的傅里叶积分,其复数形式为

$$\frac{1}{2\pi} \int_0^{+\infty} \mathrm{e}^{\mathrm{i}ux} \mathrm{d}u \int_{-\infty}^{+\infty} f(t) \mathrm{e}^{-\mathrm{i}ut} \mathrm{d}t$$

上式的内层积分,记为

$$F(u) = \frac{1}{2\pi} \int_{-\infty}^{+\infty} f(t) \mathrm{e}^{-\mathrm{i}ut} \mathrm{d}t$$

被称为 f 的傅里叶变换.

傅里叶积分方法是在 19 世纪为寻求偏微分方程的封闭形式的解,由法国数学家傅里叶、柯西 (Cauchy) 和泊松 (Poisson) 分别发现的.傅里叶在他 1811 年关于热传导的论文《热在固体中的运动理论》(此文获巴黎科学院奖金) 中,讨论了在无穷区域内热的传导问题,导出了傅里叶积分.柯西在《波的传播理论》(获巴黎科学院 1816 年奖金) 一文中,对流体表面上的波动进行研究,不但得到了傅里叶积分,还建立了从 $f(t)$ 到 $F(u)$ 的傅里叶变换及其逆变换.泊松则是在他的专著《关于波的理论报告》(1816) 中,用与柯西大致相同的方式导出傅里叶积分.傅里叶积分理论大致与傅里叶级数理论相平行,但也有不少差别,例如对周期函数有 $L^p \subset L^1$,而对非周期函数有 $L^p \not\subset L^1$,因此定义时取 $L^p \bigcap L^1$ 中的函数.对于 L^2 的情形,1910 年瑞士数学家普朗谢雷尔 (Planscherel) 证明:傅里叶变换 F 及其逆变换 F^{-1} 是 L^2

空间到自身的等距变换.这个定理是后来许多推广的出发点.

第二次世界大战以后,傅里叶分析向多维化和抽象化方向发展.多维傅里叶分析与多复变函数论一样,与一维情形相去甚远.早期有美国数学家博赫纳(Bochner)的工作,20世纪50年代以后,由于偏微分方程等分支发展的需要,出现了卡尔德隆-齐格蒙德(Calderon-Zygmund)奇异积分理论,标志着傅里叶分析进入一个新的历史时期.其后,比利时数学家斯坦(Stein)等人把H^p空间理论推广到高维,而且对一维问题也有所突破.1971年,美国数学家伯克霍尔德(Burkholder)等人用概率论的方法刻画H^1中函数的实部,第二年,费弗曼(Fefferman)和斯坦把有关结果推广到n维;同时,关于H^1空间的对偶空间是有界平均振动函数空间的结果也被推广到n维,等等.

同时,傅里叶分析的研究领域从直线群、圆周群扩展到一般的抽象群,形成抽象傅里叶分析理论.对于局部紧交换群,有一套精美的理论,如用代数方法证明了广义陶伯(Tauber)型定理;而对于局部紧李(Lie)群,则与群表示论相结合形成非交换傅里叶分析的分支.傅里叶分析作为数学的一个分支,无论在概念还是在方法上都广泛地影响着数学其他分支的发展.

以上是关于调和分析的一个概述.对于一些普通读者还是需要一点关于调和分析的基础知识.1963年夏天,著名分析学家巴赫曼(Bachmann)在Brooklyn工艺学院教了一学期的"抽象调和分析"课程,其讲义由兰伦斯(Lanrence)教授整理出来.这里我们摘录几段,以补充预备知识的不足.下面为大家介绍L_1中函数在实直线上的傅里叶变换[①]的相关内容.

1. 记号

文中,我们将用 $\mathbf{R}$ 表示实轴$(-\infty,+\infty)$,用 f 表示 $\mathbf{R}$ 上的可测函数(f 可以是实值函数或复值函数),并用 L_p 表示 $\mathbf{R}$ 上可测且具有性质[②]

$$\int_{-\infty}^{+\infty} |f(x)|^p \mathrm{d}x < \infty \quad (1 \leqslant p < +\infty)$$

的函数 f 所组成的集合.又因为我们经常是从$-\infty$到$+\infty$进行积分,所以就简单地以 $\int$ 来表示 $\int_{-\infty}^{+\infty}$,其中一切积分都是勒贝格意义下的积分.

---

① 摘自《抽象调和分析基础》,G.巴赫曼,著,郭毓驹,欧阳光中,译,人民教育出版社,1979.

② 我们常称 f 是 p 次可和的.

这里不加证明而指出，L_p 空间是一个线性空间，对于 $f \in L_p$，我们就能够定义 f 关于 p 的范数 $\|f\|_p$ 如下

$$\|f\|_p = \left(\int |f(x)|^p \mathrm{d}x \right)^{\frac{1}{p}}$$

容易验证下面的断言是正确的：

(1) $\|f\|_p \geqslant 0$，以及 $\|f\|_p = 0$，当且仅当 $f \sim 0$[①].

(2) $\|kf\|_p = |k| \cdot \|f\|_p$，其中 k 是一个实数或复数. 这直接含有 $\|f\|_p = \|-f\|_p$.

(3) $\|f+g\|_p \leqslant \|f\|_p + \|g\|_p$. 要证实这一点，所需要的只是关于积分的闵可夫斯基（Minkowski）不等式.

这样，我们就看到，L_p 是一个赋范线性空间. 我们还能够更进一步，虽然这里不加以证明，但可以证明 L_p 实际上是一个完备的赋范线性空间或巴拿赫（Banach）空间，即可证明（在关于 p 的范数下）L_p 中函数的任一柯西序列（关于 p 的范数）收敛于一个 p 次可和的函数.

2. 傅里叶变换

在这一部分中，我们考虑 L_1 中函数的傅里叶变换，并指出傅里叶变换的一些性质. 设 $f \in L_1$，考虑 f 的傅里叶变换

$$\hat{f}(x) = \int \mathrm{e}^{ixt} f(t) \mathrm{d}t$$

因为 $f \in L_1$，我们首先注意到 $\hat{f}(x)$ 是存在的，这是由于

$$|\hat{f}(x)| \leqslant \int |f(t)| \, \mathrm{d}t < \infty$$

此外，又因为

$$\int |f(t)| \, \mathrm{d}t = \|f\|_1$$

所以对任何 x，有

$$|\hat{f}(x)| \leqslant \|f\|_1$$

即 f 的 $1-$ 范数是 f 的傅里叶变换的一个上界. 因为它是一个上界，所以

---

① 两个函数 f 和 g，如果 $f = g$ 几乎处处成立，我们就说 f 与 g 是等价的，记为 $f \sim g$. 因此，L_p 实际上是在这种等价关系下一切等价函数类所构成的集合. 若我们不这样做的话，则 $\|\ \|_p$ 只表示一个半范，这是因为虽然 f 不是零，而 $\|f\|_p$ 却可能是零.

它一定大于或等于上确界,即

$$\sup_{x \in \mathbf{R}} |\hat{f}(x)| \leqslant \|f\|_1$$

现在我们证明 f 的傅里叶变换是 x 的一个连续函数. 考虑差式

$$\hat{f}(x+h_n) - \hat{f}(x) = \int e^{ixt}(e^{ih_n t} - 1) f(t) \mathrm{d}t$$

这里 $h_n \in \mathbf{R}$

$$|\hat{f}(x+h_n) - \hat{f}(x)| \leqslant \int |e^{ih_n t} - 1| f(t) \mathrm{d}t$$

因为上式对任何 h_n 成立,所以当 h_n 趋于 0 时也成立,这样就有

$$\lim_{h_n \to 0} |\hat{f}(x+h_n) - \hat{f}(x)| \leqslant \lim_{h_n \to 0} \int |e^{ih_n t} - 1| |f(t)| \mathrm{d}t$$

现在,我们希望在积分号下进行极限运算,由于被积函数是受可和函数 $2|f(t)|$ 所控制的,故勒贝格的控制收敛定理保证了这种运算. 在积分号内取极限就得所要结果,即

$$\lim_{h_n \to 0} \hat{f}(x+h_n) = \hat{f}(x)$$

也即 L_1 中函数 f 的傅里叶变换 $\hat{f}$ 是一个连续函数.

关于 $\hat{f}(x)$ 还可以证明

$$\lim_{x \to \pm\infty} \hat{f}(x) = 0 \tag{6.3}$$

这一事实通常称为黎曼—勒贝格引理. 我们顺便提一下:确有这样的连续函数 $F(x)$,它满足式 (6.3),但不能找到 $f(x)$ 满足

$$F(x) = \int e^{ixt} f(t) \mathrm{d}t$$

这就给我们带来下面的问题:知道 $\hat{f}(x)$,如何能够再找出由之而来的原函数 $f(t)$?

3. 复原

在初等的处理中,我们常常看到下面的反演公式

$$f(t) = \frac{1}{2\pi} \int e^{-ixt} \hat{f}(x) \mathrm{d}x$$

现在,我们用一个反例来证明上面的公式一般说来是不成立的.

例 考虑函数

$$f(t) = \begin{cases} \mathrm{e}^{-t}, & t \geqslant 0 \\ 0, & t < 0 \end{cases}$$

$$\hat{f}(x) = \int_0^{+\infty} \mathrm{e}^{(\mathrm{i}x-1)t} \mathrm{d}t = \frac{-1}{\mathrm{i}x-1}$$

$$\int \mid \mathrm{e}^{-\mathrm{i}xt} \hat{f}(x) \mid \mathrm{d}x = \int \frac{\mathrm{d}x}{\sqrt{1+x^2}}$$

故利用前面的公式来复原 $f(t)$ 显然是不可能的,这是由于对充分大的 x,

被积函数 $\dfrac{1}{\sqrt{1+x^2}}$ 的性质相似于 $\dfrac{1}{x}$,积分将如 $\log x$ 一样变成无穷,因此,

我们不能利用前面的公式来复原(注意:勒贝格积分收敛就必须绝对收

敛).

　　在更进一步讨论之前,我们需要两个来自实变函数的结果:

　　定义　若

$$\lim_{h \to 0} \frac{1}{h} \int_t^{t+h} \mid f(t) - f(x) \mid \mathrm{d}x = 0$$

则称 t 为函数 f 的一个勒贝格点.

　　定理 1　若 $f \in L_1$,则几乎所有的点都是勒贝格点.

　　定理 2　函数的每一个连续点都是勒贝格点.

　　下面两个关于反演的定理,其证明较长且较复杂,请读者参看

Goldberg[1] 的证明.

　　定理 3　设 $f, \hat{f} \in L_1$,又假定 f 在点 t 连续,则

$$f(t) = \frac{1}{2\pi} \int \mathrm{e}^{\mathrm{i}xt} \hat{f}(x) \mathrm{d}x$$

　　定理 4　设 $f \in L_1$,又设 t 是函数 f 的一个勒贝格点,则

$$f(t) = \lim_{a \to \infty} \frac{1}{2\pi} \int_{-a}^a \left(1 - \frac{\mid x \mid}{\alpha}\right) \mathrm{e}^{-\mathrm{i}xt} \hat{f}(x) \mathrm{d}x$$

(注意:这一极限过程类似于无穷级数的 $(C,1)$ 求和法).

　　系 1　设 $f \in L_1$ 并且 $\hat{f}(x) = 0$ 对一切 x 成立,则 $f(t) = 0$,a. e.[2].

　　系 2　设 $f_1, f_2 \in L_1$. 若 $\hat{f}_1 = \hat{f}_2$,则 $f_1(t) = f_2(t)$,a. e..

---

[1]　Goldberg, *Fourier Transforms*.

[2]　a. e. 是 almost everywhere 的缩写,意思是"几乎处处". —— 译注

这个结果可从系 1 立即得出,因为我们有

$$\widehat{f_1 - f_2} = \hat{f_1} - \hat{f_2} = 0$$

因此

$$f_1 - f_2 = 0, \text{a. e.}$$

卷积　设 $f, g \in L_1$,考虑函数

$$h(x) = \int f(x - t) g(t) \mathrm{d}t = (f * g)(x)$$

称它为 f 与 g 的卷积. 现在,我们断言 $h(x)$ 对几乎所有的 x 存在,并且 $h(x)$ 是可和的.

证　作变量变换容易证明

$$\int f(x - t) \mathrm{d}x = \int f(x) \mathrm{d}x \tag{6.4}$$

利用式(6.4),考虑

$$\int \mathrm{d}t \int \mid f(x - t) g(t) \mid \mathrm{d}x = \int \mid g(t) \mid \mathrm{d}t \int \mid f(x - t) \mid \mathrm{d}x =$$
$$\parallel g \parallel_1 \parallel f \parallel_1 < \infty$$

由托内利 — 霍布森(Tonelli-Hobson) 定理,就得出

$$\iint f(x - t) g(t) \mathrm{d}t \mathrm{d}x$$

绝对收敛.再由富比尼(Fubini) 定理,得出 $h(x)$ 几乎处处存在且为可积函数.

现在,我们证明卷积运算是可交换的.

定理 5　对 $f, g \in L_1$ 有 $f * g = g * f$.

证　　　　　$(f * g)(x) = \int f(x - t) g(t) \mathrm{d}t$

令 $u = x - t$,则

$$(f * g)(x) = \int_{+\infty}^{-\infty} f(u) g(x - u)(-\mathrm{d}u) = (g * f)(x)$$

还可得出卷积运算是可结合的,即

$$f * (g * h) = (f * g) * h$$

其中 $f, g, h \in L_1$.

这一结果的证明虽不曲折,但却颇为烦琐,就从略.

定理 6　设 $f, g \in L_1$,则

$$\parallel f * g \parallel_1 \leqslant \parallel f \parallel_1 \parallel g \parallel_1$$

证　　　　$$\parallel f * g \parallel_1 = \int \mathrm{d}x \mid \int f(x - t)g(t)\mathrm{d}t \mid$$

$$\leqslant \int \mathrm{d}x \int \mid f(x - t)g(t) \mid \mathrm{d}t \qquad (6.5)$$

我们注意到

$$\int \mathrm{d}t \int \mid f(x - t)g(t) \mid \mathrm{d}x = \int \mid g(t) \mid \mathrm{d}t \int \mid f(x - t) \mid \mathrm{d}x$$

$$= \parallel g \parallel_1 \parallel f \parallel_1 < \infty \qquad (6.6)$$

即 $\int \mathrm{d}t \int \mid f(x - t)g(t) \mid \mathrm{d}x$ 绝对收敛. 由托内利—霍布森定理

$$\int \mathrm{d}x \int \mid f(x - t)g(t) \mid \mathrm{d}t$$

绝对收敛,并且绝对收敛于

$$\int \mathrm{d}t \int \mid f(x - t)g(t) \mid \mathrm{d}x = \parallel f \parallel_1 \parallel g \parallel_1$$

这就得到所需要的结果.

我们将上面的一些结果总结起来说:L_1 关于加法运算和卷积运算组成一个巴拿赫代数.

下面的定理就是我们对卷积感兴趣的主要理由.

定理 7　设 $f, g \in L_1$,则

$$\widehat{f * g} = \hat{f}\hat{g}$$

证　　　　$$(\widehat{f * g})(x) = \int \mathrm{e}^{\mathrm{i}xt}(f * g)(t)\mathrm{d}t$$

$$= \int \mathrm{e}^{\mathrm{i}xt}\mathrm{d}t \int f(t - s)g(s)\mathrm{d}s \qquad (6.7)$$

因为

$$\int \mathrm{d}s \int \mid \mathrm{e}^{\mathrm{i}xt}f(t - s)g(s) \mid \mathrm{d}t = \int \mathrm{d}s \int \mid f(t - s)g(s) \mid \mathrm{d}t$$

$$= \int \mid g(s) \mid \mathrm{d}s \int \mid f(t - s) \mid \mathrm{d}t$$

$$= \parallel g \parallel_1 \parallel f \parallel_1 < \infty$$

于是,出于与前面定理同样的理由(利用托内利—霍布森定理),式(6.7)中的积分可以交换积分次序. 再写

$$\mathrm{e}^{\mathrm{i}xt} = \mathrm{e}^{\mathrm{i}x(t - s)}\mathrm{e}^{\mathrm{i}xs}$$

代入式(6.7)中,并交换积分次序,就有

$$(\widehat{f * g})(x) = \int g(s) e^{ixs} ds \int f(t-s) e^{ix(t-s)} dt = \hat{g}\,\hat{f} = \hat{f}\,\hat{g}$$

证毕.

我们注意到 $L_1(+, *)$ 是一个巴拿赫代数.现在,我们证明它不是一个具有单位元的代数.若假定有一个单位元 $e \in L_1$,使得对每一个 $f \in L_1$

$$f * e = f$$

则一定有

$$e * e = e$$

由前面的定理,于是

$$\widehat{e * e} = \hat{e}\hat{e} = \hat{e}$$

因此,只可能是 $\hat{e} = 0$ 或 1.由 $\hat{e}$ 的连续性, $\hat{e}$ 必须恒等于 0 或恒等于 1,它不可能跳跃! 但此外,又要求

$$\lim_{x \to \infty} \hat{e}(x) = 0$$

我们只好选取

$$\hat{e}(x) = 0$$

这就意味着 $e(t) = 0, \mathrm{a.\,e.}$,要使得 $e(t)$ 成为单位元,只有对一切 $f \in L_1$, $f(t) = 0, \mathrm{a.\,e.}$ 才行,这是荒谬的.

尽管不存在单位元,但却有所谓的近似单位元,存在 L_1 中的一列函数 $\{e_n\}$ 使得

$$\lim_{n \to \infty} \| e_n * f - f \|_1 = 0^{[①]}$$

4. 傅里叶变换的范数与函数的范数之间的关系

在讨论主要结果之前,我们需要下面的引理:

引理 1   设 $a, b \in \mathbf{R}, b > 0$,则

$$\int e^{iat} \exp(-bt^2) dt = \left(\frac{\pi}{b}\right)^{\frac{1}{2}} \exp\left(-\frac{a^2}{4b}\right)$$

---

① Goldberg, *Fourier Transforms*.

我们只略述证明的要点.

考虑 $\int_\Gamma \exp(-z^2)\mathrm{d}z$,其中 z 是复变量,Γ 是图 7 所指明的围道.

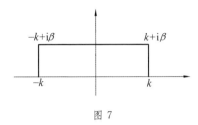

图 7

将积分分成

$$\int_\Gamma = \int_{-k}^k + \mathrm{i}\int_0^\beta + \int_k^{-k} + \mathrm{i}\int_\beta^0$$

当 $k \to \infty$ 时取极限,就得出所需结果. 在讨论定理之前,我们还必须建立下面的极限.

引理 2　设 $f \in L_1 \bigcap L_2$,则

$$\lim_{n\to\infty}\int \exp\left(-\frac{x^2}{n}\right) \mid \hat{f}(x) \mid^2 \mathrm{d}x = 2\pi \parallel f \parallel_2^2$$

证　显然

$$\mid \hat{f}(x) \mid^2 = \hat{f}(x)\overline{\hat{f}(x)} = \int f(t)\mathrm{e}^{\mathrm{i}xt}\,\mathrm{d}t\int \overline{f}(s)\mathrm{e}^{-\mathrm{i}xs}\,\mathrm{d}s$$

两边乘 $\exp\left(-\dfrac{x^2}{n}\right)$,其中 n 为一个整数,然后关于 x 积分,我们就有

$$\int \exp\left(-\frac{x^2}{n}\right) \mid \hat{f}(x) \mid^2 \mathrm{d}x$$

$$= \int \exp\left(-\frac{x^2}{n}\right)\mathrm{d}x\int f(t)\mathrm{e}^{\mathrm{i}xt}\,\mathrm{d}t\int \mid \overline{f}(s) \mid \mathrm{e}^{-\mathrm{i}xs}\,\mathrm{d}s$$

根据前面已经用过的同样理由,我们能够交换积分次序而得到

$$\int \exp\left(-\frac{x^2}{n}\right) \mid \hat{f}(x) \mid^2 \mathrm{d}x$$

$$= \int \overline{f}(s)\,\mathrm{d}s\int f(t)\,\mathrm{d}t\int \mathrm{e}^{\mathrm{i}x(t-s)}\exp\left(-\frac{x^2}{n}\right)\mathrm{d}x$$

利用引理 1 的结果,其中 $a = t-s, b = \dfrac{1}{n}, x = t$,我们可以计算出右端最后一个积分为

$$\int e^{ix(t-s)} \exp\left(-\frac{x^2}{n}\right) dx = (\pi n)^{\frac{1}{2}} \exp\left(\frac{-n(t-s)^2}{4}\right)$$

即

$$\int \exp\left(-\frac{x^2}{n}\right) |\hat{f}(x)|^2 dx = (\pi n)^{\frac{1}{2}} \int \overline{f}(s) ds \int f(t) \exp\left(\frac{-n(t-s)^2}{4}\right) dt$$

$$(6.8)$$

交换积分次序(其合理性请参看下面式(6.9)),然后在式(6.8)中以 $t+s$ 代 t,就得到

$$\int \exp\left(-\frac{x^2}{n}\right) |\hat{f}(x)|^2 dx = (\pi n)^{\frac{1}{2}} \int \exp\left(-\frac{nt^2}{4}\right) dt \int f(t+s) \overline{f}(s) ds$$

记

$$g(t) = \int f(t+s) \overline{f}(s) ds$$

就有

$$\int \exp\left(-\frac{x^2}{n}\right) |\hat{f}(x)|^2 dx = (\pi n)^{\frac{1}{2}} \int g(t) \exp\left(-\frac{nt^2}{4}\right) dt$$

用 $2n^{-\frac{1}{2}}t$ 代替 t,上面积分就成为

$$2\pi^{\frac{1}{2}} \int g(2n^{-\frac{1}{2}}t) \exp(-t^2) dt$$

现在我们断言 $g(t)$ 在原点连续. 因此,我们必须证明

$$\lim_{t \to 0} |g(t) - g(0)| = 0$$

$$|g(t) - g(0)|^2 = \left| \int \overline{f}(s) [f(t+s) - f(s)] ds \right|^2$$

$$\leqslant \int |f(s)|^2 ds \cdot \int |f(t+s) - f(s)|^2 ds$$

又因为

$$\lim_{t \to 0} \int |f(t+s) - f(s)|^2 ds = 0$$

因此,我们有

$$\lim_{t \to 0} |g(t) - g(0)| = 0$$

即 $g(t)$ 在原点连续. 又由柯西－施瓦兹(Cauchy-Schwarz) 不等式

$$|g(t)| = \left| \int f(t+s) \overline{f}(s) ds \right| \leqslant \int |f(t+s) \overline{f}(s)| ds$$

$$\leqslant \left(\int |f(t+s)|^2 \mathrm{d}s\right)^{\frac{1}{2}} \left(\int |f(s)|^2 \mathrm{d}s\right)^{\frac{1}{2}}$$

从而,对任何 t 有

$$|g(t)| \leqslant \|f\|_2 \|f\|_2 = \|f\|_2^2 \tag{6.9}$$

现在,我们能够说,对任何 n,特别当 $n \to \infty$ 时,有

$$\lim_{n\to\infty}\int \exp\left(-\frac{x^2}{n}\right)|\hat{f}(x)|^2 \mathrm{d}x = \lim_{n\to\infty} 2\pi^{\frac{1}{2}} \int \exp(-t^2) g(2n^{-\frac{1}{2}}t)\mathrm{d}t$$

又因为 $\|f\|_2^2 \exp(-t^2)$ 是可和的,并且控制了上式右端的被积函数,所以我们可以说

$$\lim_{n\to\infty}\int \exp\left(-\frac{x^2}{n}\right)|\hat{f}(x)|^2 \mathrm{d}x = 2\pi g(0) = 2\pi \|f\|_2^2$$

现在,我们讨论主要的结果.

定理 8 设 $f \in L_1 \bigcap L_2$,则 $\hat{f} \in L_2$,以及 $\|\hat{f}\|_2^2 = 2\pi \|f\|_2^2$.

证 因为 $\lim\limits_{n\to\infty} \exp\left(-\dfrac{x^2}{n}\right) = 1$,所以

$$\int |\hat{f}(x)|^2 \mathrm{d}x = \int \lim_{n\to\infty} \exp\left(-\frac{x^2}{n}\right)|\hat{f}(x)|^2 \mathrm{d}x$$

又因为函数列 $\left\{\exp\left(-\dfrac{x^2}{n}\right)|\hat{f}(x)|^2\right\}$ 是非负的,又是单调增加的,所以

$$\sup\left\{\int \exp\left(-\frac{x^2}{n}\right)|\hat{f}(x)|^2 \mathrm{d}x\right\} = \lim_{n\to\infty}\int \exp\left(-\frac{x^2}{n}\right)|\hat{f}(x)|^2 \mathrm{d}x$$

我们可以应用法都(Fatou)引理,并由引理 2 得

$$\int |\hat{f}(x)|^2 \mathrm{d}x \leqslant \lim_{n\to\infty}\int \exp\left(-\frac{x^2}{n}\right)|\hat{f}(x)|^2 \mathrm{d}x = 2\pi \|f\|_2^2$$

这就证明了 $\hat{f}(x) \in L_2$ 或 $|\hat{f}|^2$ 是可和的.但因为 $|\hat{f}|^2$ 是可和的,所以 $1 \cdot |\hat{f}^2|$ 控制了 $\exp\left(-\dfrac{x^2}{n}\right)|\hat{f}(x)|^2$.因此

$$\lim_{n\to\infty}\int \exp\left(-\frac{x^2}{n}\right)|\hat{f}(x)|^2 \mathrm{d}x = \int \lim_{n\to\infty}|\hat{f}(x)|^2 \exp\left(-\frac{x^2}{n}\right)\mathrm{d}x$$

或

$$\int |\hat{f}(x)|^2 \mathrm{d}x = |\hat{f}|_2^2 = 2\pi \|f\|_2^2$$

证毕.

§7　从数学史的角度看

要全面了解傅里叶级数,先要了解一下一般级数的历史.在追溯历史方面俄罗斯数学家写的著作做得较好.霍凡斯基曾专门写了一个级数的简略历史.

级数的一般理论具有悠久的历史,随着微积分的产生就开始了.以后,级数收敛性的研究、近似求和、余项估计与改进收敛性等方法,在很多数学家的著作中得到了发展.现在甚至仅仅要列举出关于级数计算问题及其各种应用的所有文献也是很困难的.应当指出,欧拉、阿贝尔(Abel)、达朗贝尔、高斯、罗巴切夫斯基(Lobachevskiǐ)、柯西、泰勒、库默尔(Kummer)、切比雪夫(Chebyshev)、爱尔马可夫(Irmakov)、布加耶夫(Bugaev)、马尔可夫(Markov)、克雷洛夫(Krylov)以及其他数学家在这个领域内做了很多重要的研究.我们在这里只能简略地讲讲这些研究中的某些内容.

欧拉在其 *Institutiones calculi differentialis*(发表于1755年,彼得堡)中研究了幂级数变换的各个方法,其目的是把这些方法用到各种计算上去.这些变换后来在数学文献中统称为幂级数的欧拉变换.

19世纪初,开始了级数全部理论的修改,柯西于1821年首先提出了收敛与发散级数间的严格界限.这无论对于级数整个理论在以后的发展,还是对于级数计算的各种方法的改进都具有重大的意义.在俄罗斯的数学家中,从事于研究级数收敛性及其余项估计工作的,首先应当是伟大的几何学家罗巴切夫斯基.罗氏在他的《代数》(发表于1834年)中以级数通项展成二进小数为基础,给出了级数收敛性的原始判别法.罗氏判别法的证明方法,也能求出收敛级数和的相应估计式.

罗氏在他的一些著作中,曾把这个方法用来证明各种级数的收敛性与余项的估计式.[①]

1837年,库默尔提出了一个研究正项级数收敛性的一般方案.他把这个方案归纳为一般的收敛判别法,由它的特殊情况得到达朗贝尔判别法、拉比(Raabe)判别法及其他判别法.这个方案对于某些定型的级数也可以建立其余项的估计式.后来,库默尔又得到了可以用来改进收敛性的级数变换.

相当有趣的是切比雪夫关于级数求和、余项估计及改进收敛性等研究,这些成

---

① 在龙兹和兹莫罗维奇的著作中,罗氏收敛判别法被推广到一个较广的级数类.

果发表于 19 世纪 50 ∼ 70 年代. 切比雪夫的这些研究与解决数论领域内的重要问题有关. 他发表过以下著作:《不超过已知数的质数个数》《质数》《几个级数的短评》《卡塔兰 (Catalan) 公式推广以及由它得到的算术公式》《数项级数的一个变换》.

爱尔马可夫在 1872 年得到了正项级数收敛性的一个极有效的判别法, 叙述如下:

级数 $\sum\limits_{n=0}^{\infty} a(n)$ 在 $\lim\limits_{n \to \infty} \dfrac{e^n a(e^n)}{a(n)} < 1$ 时收敛, 在这个极限大于 1 时发散.

这样写时, 爱尔马可夫判别法可以代替伯尔特昂 (Bertrand) 对数判别法的无限数列. 1892 年, 爱尔马可夫研究过幂级数的一个变换, 其目的也是改进这些级数的收敛性.

布加耶夫在 1888 年推出了下面有趣的定理:

若 $\delta(n)$ 是正的可微函数, 且随着 n 的增加而增加, 则级数 $\sum\limits_{n=0}^{\infty} a(n)$ 与 $\sum\limits_{n=0}^{\infty} \delta'(n) a[\delta(n)]$ 是共轭级数, 亦即, 两个级数或者同时收敛, 或者同时发散.

如此, 对于级数 $\sum\limits_{n=0}^{\infty} \delta'(n) a[\delta(n)]$ 应用任何判别法, 就得到原级数 $\sum\limits_{n=0}^{\infty} a(n)$ 的某个收敛判别法, 由这个共轭定理, 选取不同的函数 $\delta(n)$, 就能推导出无数多个不同的收敛判别法.

特别地, 布加耶夫指出过, 达朗贝尔判别法在应用到共轭级数 $\sum\limits_{n=0}^{\infty} \delta'(n) a[\delta(n)]$ 时, 就得到上述的爱尔马可夫判别法.

马尔可夫在 1889 年提出了一个能够改进级数收敛性的级数变换. 后来, 马尔可夫又在更一般的形式中研究过这个变换. 马尔可夫法的基础是在于把级数通项展成新级数, 且改变求和次序. 幂级数的欧拉变换, 也能从马尔可夫变换的特殊情况而得到.[①]

克雷洛夫在 1912 年研究出了傅里叶级数收敛性的有效改进法, 这个方法在解决数学物理各种边值问题时有着广泛的应用. 傅里叶级数的系数 $a\left(\dfrac{1}{n}\right)$ 假定为 $\dfrac{1}{n}$

---

① 欧拉、库默尔及马尔可夫等变换, 在罗曼诺夫斯基与克诺普的书中有着很好的叙述.

的解析函数，其中 n 是求和的附标，且

$$\lim_{n \to \infty} a\left(\frac{1}{n}\right) = 0$$

改进傅里叶级数收敛性的克雷洛夫法如下：把原级数分成两个级数，其中一个收敛很慢，但容易求和，而另一个一般说来不能用有限形式求和，但是却收敛很快.

问题在于，若要使所给函数 $f(x)$ 的傅里叶级数收敛很快，必须要求函数 $f(x)$ 及其前若干阶导数连续. 在很多情况下，从 $f(x)$ 分离出具有与 $f(x)$ 相同不连续点和跃度的初等函数以后，函数 $f(x)$ 就能满足这个条件. 在确定了函数的不连续点和跃度后，实际上作出上述初等函数是不难的.

克雷洛夫成功地把他的傅里叶级数收敛性改进法用来解决许多应用问题. 例如，梁的弯曲和振动问题. 这样问题在计算稳固性时有很大意义. 以改进傅里叶级数收敛性为基础的克雷洛夫思想是大有成果的，且可以作为以后在这个方向研究的基础.

在 1932～1933 年间，马里耶夫（Mariev）对于函数值或其一个导数值在周期的终端和始端并不相等的非周期函数的展开式，提出了关于这样的展开式的迅速收敛的三角级数求法. 它与克雷洛夫法不同的是，马里耶夫法并不要求从原来展开式分离出收敛很慢的部分，而是直接化为收敛很快的级数. 1934 年，康托罗维奇（Kantorovixc）发表了在近似计算广义积分与解决某些奇异微分与积分方程时的奇异性分离法，他发展了克雷洛夫思想，并把它用到其他问题上去. 用来解决边值问题时，在康托罗维奇和克雷洛夫所著的《研究高等分析近似方法》一书中，这个方法有着详细的叙述. 也还得指出格林伯格（Grinberg）的著作，这些著作与解决某些边值问题所得到的级数收敛性的改进法有关.

1936 年，有人利用克雷洛夫关于分离傅里叶级数收敛很慢部分的思想，不仅对傅里叶级数提出了一个收敛性改进法，而且这个方法对按勒让得多项式、切比雪夫多项式、贝塞尔（Bessel）函数等特殊函数展开的确定级数类也适合. 后来，在解决带有奇异系数的线性常微分方程类时，克雷洛夫思想指出了某些边值问题的解决.

不仅在数学物理问题中，而且在工程实际中，与级数收敛性改进和余项估计的有关问题正在起着日益增长的作用.

对傅里叶级数的简介有许多版本，笔者认为最简洁、最本质的莫过于《美国数学月刊》前主编哈尔莫斯（Halmos）所做的介绍.

傅里叶级数发现在收敛之前是一个历史的不幸（导致差不多二百年精力的浪

费). 傅里叶级数是许多古典和现代分析课题的一个不可或缺的部分. 在抽象理论和具体应用中都很重要. 它出现在拓扑群和算子论中, 它源自弦震动和导热问题.

傅里叶级数的最古典形式是处理直线 $(-\infty, +\infty)$ 上, 周期为 2π 且在 $[0, 2\pi]$ 上可积的数值函数 (最好令其为复数值). 这样的函数 f 的傅里叶级数是

$$\sum_{n=-\infty}^{+\infty} a_n \mathrm{e}^{\mathrm{i}nx}$$

其中

$$a_n = \frac{1}{2\pi} \int_0^{2\pi} f(x) \mathrm{e}^{-\mathrm{i}nx} \mathrm{d}x$$

(由于 $\mathrm{e}^{\mathrm{i}nx} = \cos nx + \mathrm{i}\sin nx$, 因此可用 sin 和 cos 来表达傅里叶级数. 这种实的形式在几何上较直观, 但上述给出的复指数形式在代数上较易操作).

三角多项式 (实或复的形式) 是大家熟悉的且容易计算. 若能用这些多项式的极限来表达更艰深的函数显然是有利无害的, 因此很自然期望函数 f 的傅里叶级数的"和"会"等于" f. 无论如何, 总希望知道哪一类函数满足此要求. 往日希望的答案是好的函数有好的级数. 这门数学分支的历史很大一部分是受这希望所大力左右.

当极限开始为人所理解时, "和"与"等于"是解释为点点收敛的意思. 更有用和更富成果的弱收敛与对应于一范数收敛的概念, 只在数学界无法再自围于点态的研究方向时才出现.

什么是好的函数呢? 可微是够好的了, 而连续却不足. 存在连续函数的傅里叶级数, 它在一点上, 实际在许多点上发散. 若收敛性由塞萨罗 (Cesàro) 平均的意义下的可加性所代替, 则费歇耳定理指出: 在这个意义下每一连续函数 f 的傅里叶级数点点收敛于 f. 今天这一类定理已相对地变得容易了, 许多教科书都提到这个课题.

可积函数又怎样坏呢? 答案: 坏透了. 柯尔莫哥洛夫 (Kolmogorov) 证明了若只要求 $f \in L^1[0, 2\pi]$ (即 f 在 $[0, 2\pi]$ 上可积), 则 f 的傅里叶级数可以几乎处处发散 (1923), 或甚至几乎处处发散 (1926).

这个方向最大的问题由 Lusin 提出: 若 $f \in L^2[0, 2\pi]$ (注意指数 1 为 2 所代替), 则 f 的傅里叶级数是否几乎处处收敛于 f 呢? 过了五十年仍无法回答这个问题. 无数次证明答案是肯定的努力都失败后, 就引致 20 世纪 50 年代和 60 年代行家的公开官方信仰: 答案必然是否定.

然而, 答案却是肯定. 第一个证明由卡勒松 (Carleson) 给出 (1966). 卡勒松的

成就中的一个杰出之处是他没有用到未知的技巧,他只不过把已有的用得更好而已.他用一种你推我拉的巧妙办法来选择子区间.就好像卡勒松有足够的气力把大家的 ε 用 $ε^2$ 来代替一样,他成功了.

更为深入和详尽的介绍是 Enrique A. González-Velasco 发表在《美国数学月刊》上一篇名为《数学分析中的纽带 —— 傅里叶级数》① 的文章.

拿破仑·波拿巴远征埃及发生在 1798 年夏,远征军于 7 月 1 日到达,次日巧取亚历山大.早在 3 月 27 日综合科技大学的年轻教授傅里叶收到内务大臣无确定期限的通知:

公民,当前情况特别需要你的才智和热情,执行指挥部已安排你为公众服务,应做好准备,接到第一号命令出发.

这样傅里叶参加了远征队的艺术与科学委员会,这或许与自由思想不是完全可调和的.7 月 24 日军队占领开罗,8 月 20 日拿破仑命令在开罗成立埃及研究院以促进埃及的科学进步,在 8 月 25 日举行的第一次会议上,傅里叶被任命为常务秘书.

经几次军事交战,1801 年 8 月 30 日法国屈服于侵入的英国军队并被迫从埃及撤离.傅里叶回到法国仍在综合科技大学,但十分短暂.1802 年 2 月,拿破仑任命他为在法国阿尔卑斯的 Isère 研究所的长官.就在这个 Grenoble 城,傅里叶重新致力于我们将谈到的研究.

傅里叶的埃及之行对他的健康留下终生的病根,这影响他的研究方向.在亚历山大被围期间,以及从埃及到阿尔卑斯气候的突然改变,他患了风湿病受到折磨.事实是:他住在过热的房间,即使在炎热的夏天也穿着过量的衣服,以及他对热的偏好扩展到对物体热传导、从辐射的热损失到热交换等各方面的研究.后来正是在热学上,他集中了他的主要研究精力.

1807 年 12 月 21 日研究结果作为论文(*Mémoire sur la prapgation de la chaleur*)第一次提交给 Iustitut de France,它没有完全被接受.评判委员会对此公布一份从未有过的报告.1808 年或 1809 年傅里叶应邀去巴

---

① 原题:Connections in Mathematical Analysis:the Case of Fourier Series. 译自:*The American Mathematical Monthly*,1992,99(5):427-441.

黎访问,亲身受到批评.它们主要来自拉普拉斯与拉格朗日,谈到两个主要方面:热传导方面的傅里叶推导以及他使用三角函数的级数,即现在众所周知的傅里叶级数.傅里叶对这些异议做出答复,为了解决问题并建议对热传导问题建立公开的竞争,对最好的工作 Institut 给予奖励.拉普拉斯(他后来成为傅里叶工作的支持者)可能是将此建议付诸实施起作用的人,在 1811 年确实将这个主题选为获奖论文.另一个包含拉格朗日与拉普拉斯的委员会只审理两个项目,1812 年 1 月 6 日奖予傅里叶的 *Théorie du mouvement de la chaleur daus les corps solides*,但委员会的报告表示某种保留.

作者得出他的方程的方法并没有免除困难,而且他对于积分他们所做的分析在普遍性与严密性方面都还有某些遗漏.

傅里叶表示抗议但无效,而且他的新著和以前一样在当时未能发表,最后,他在 1822 年将有关热研究的大部分文章收集在不朽著作 *Théorie analytique de lachaleur* 中.

毫无疑问,现在这本著作是 19 世纪数学物理上最大胆创新和最有影响的一部.傅里叶讨论热问题所用的方法是真正的先驱,因为他运用了尚未真正建立的概念.当别人还在讨论连续函数时,他已在研究不连续函数;当积分还处于简单地作为反导数时,他已用积分作为面积;在收敛定义之前,他已谈到函数级数的收敛.在 1811 年他的获奖论文结尾处,他甚至积分一个在一点取值为 ∞ 而其他均为 0 的"函数".这种方法在电磁学、音响学、空气动力学等其他学科中也被证明是富有成果的.傅里叶的研究在应用上的成功,使得有必要修改函数的定义,引入收敛的定义,重新检查积分的概念以及一致连续与一致收敛的概念,它也诱导集论的发现,它也是引导测度论思想的背景并包含广义函数论的萌芽,在下面我们将考察由傅里叶工作所引起的古典分析中这些重要方面的发展.

收敛与一致收敛:傅里叶早期研究的一个问题是由传导材料制成的细棒.为方便起见,假定长度为 π,置于 x 轴上,两个端点为 $x=0$ 及 $x=\pi$.若时刻 t 时,点 x 处的温度为 $u(x,t)$,傅里叶得出 $u(x,t)$ 满足方程

$$u_t = ku_{xx} \tag{7.1}$$

其中 k 为正的常数,如果在两端点对 $t \geqslant 0$ 保持温度为 0,并且棒的初始温度分布为已知函数 f,我们必须在条件 $u(0,t)=u(\pi,t)=0,t \geqslant 0$ 及 $u(x,$

$0)=f(x),0\leqslant x\leqslant\pi$ 之下求解式(7.1).傅里叶发现对任何正整数 n 及任何实常数 C_n,函数 $C_n\mathrm{e}^{-n^2kt}\sin nx$ 是式(7.1)的解,它在两端点处为0,任意多个这种函数之和也是解,但这些和无须满足初始条件,因为 f 可能不是正弦函数的和.于是傅里叶提出无穷和

$$u(x,t)=\sum_{n=1}^{\infty}C_n\mathrm{e}^{-n^2kt}\sin nx \tag{7.2}$$

并试图求 C_n 使得

$$u(x,0)=\sum_{n=1}^{\infty}C_n\sin nx=f(x) \tag{7.3}$$

如果假设式(7.3)成立,将式(7.2)中各项乘以 $\sin mx$,并且假设所得表达式可以逐项积分,那么不难得到

$$C_n=\frac{2}{\pi}\int_0^{\pi}f(x)\sin nx\,\mathrm{d}x \tag{7.4}$$

式(7.3)中的级数是一般包含余弦函数项级数即通常傅里叶级数的特殊形式.

　　三角函数无穷和可以表示任意函数的思想被数学界所拒绝,其主要障碍是当时函数的概念.数学家常用的函数是由开根、对数等解析表达式给出的,他们诘问:$f(x)=\mathrm{e}^x$ 能够是 $[-\pi,\pi]$ 上正弦无穷级数之和吗?这个函数不是周期的,而正弦函数是周期的,因而正弦函数级数之和是周期的.遗憾的是他们未能认识到:它与周期函数可以在有界区间上相重合.傅里叶给出许多例子,将式(7.3)的加项取得越多其和与 f 越接近,其中 C_n 由已知的 f 算得,但众多的例子并不是式(7.3)收敛的证明.19世纪初数学家面临的问题是收敛性还没有定义.可以肯定:这个概念依某种含糊方式存在,但数学用等式与不等式讨论量以及比较量的大小借助于不等式对级数的部分和与整体和进行比较,这就是所需要收敛性的定义.沿着这一方向,最早的收敛定义是傅里叶在他的1811年获奖论文(1822年收入在著作中)里给出的,他谈到级数的收敛性.

　　这是必要的:当我们不断地增加项数时,它的值应越来越趋于一个固定的极限,它们之差仅是一个小于任意给定的量.这个极限就是级数的值.

　　在他的"小于任何给定的量"里已经蕴含着利用不等式.更准确和有影响的收敛定义是柯西(1789—1857)给出的.他最早理解严密在分析中

的重要性,在极限与连续的定义中最早使用不等式.我们永远无法知道傅里叶较早的定义是否有助于体现他自己的想法.一旦持有极限的精确定义,1821 年在 *Cour d'analyse de l'Ecole Royale Polytechnique* 中柯西写道:

设 $s_n = u_0 + u_1 + u_2 + \cdots + u_{n-1}$ 为(所考虑级数的)前 n 项之和,n 为任一自然数,如果当 n 增大时,和 s_n 趋于某个极限 s,则级数称为收敛,而该极限称为级数的和.

这实质上是现代的定义了.更值得提出,柯西并不限于叙述这个定义,他给出了检验收敛的定理:柯西准则与根检法、比检法.泊松于 1820 年开始,柯西于 1823 年开始,自然傅里叶毕生都试图证明傅里叶级数的收敛性.他没有成功,但留下对最后完成的人有价值的证明草稿.

1822 年西普鲁士青年迪利克雷(1805—1859)来巴黎学习数学,在那里他与傅里叶相识,傅里叶鼓励他完成收敛性的证明,这是在迪利克雷能够这样做之前的某个时期.1829 年迪利克雷已是柏林大学教授,他发表了论文,题为 *Sur la convergence des series trigonométriques qui servent a représenter une fouction arbitraire eutre des limites données*,将傅里叶证明草稿中的一个三角恒等式换成他自己的一个,成功地给出收敛的充分条件:如果 f 为逐段连续且仅有有限个极大与极小,则它的傅里叶级数在每一点 x 处收敛于 f 的左、右极限的平均值.

迪利克雷定理与较早的柯西的一个定理有明显的矛盾.柯西在他的分析学一书中写道:连续函数的收敛级数之和是连续的.早在 1826 年阿贝尔已指出这个定理是错的,而 1829 年迪利克雷定理说得更清楚.这并不是要指明柯西著作中的缺点,而是因为联系到一个重要的发现.可能在迪利克雷的暗示下,他的学生 Phillip Ludwig von Seidel(1821—1896)于 1847 年做过研究.他的报告是:若 $\sum\limits_{n=1}^{\infty} u_n(x)$ 是一个连续函数的收敛级数,其和为 $f(x)$.I 是这些函数的定义域中的一个区间,并且对给定的 $\varepsilon > 0$,N 是对 I 中一切 x 满足

$$\left| \sum_{n=N+1}^{\infty} u_n(x) \right| < \varepsilon$$

的最小正整数,如果 $\varepsilon \to 0$ 时有 $N \to \infty$,则称级数 $\sum\limits_{n=1}^{\infty} u_n(x)$ 在 I 上是任意

慢收敛的.利用这一 1821 年的柯西还没有的新概念,Seidel 能够证明如果在任一区间上,收敛不是任意慢的,柯西定理成立.但是他没有追踪下去,他没有认识到他已提出了一类新的有影响的收敛性.

这一不同类型收敛性的思想并不完全是新的,1838 年 Christof Gudermann(1798—1852) 已提到同样速率的一类收敛性,这是现代一致收敛概念的先驱,但他忽略了它的重要性,如同后来从 Seidel 漏网一样.这留给了 Gudermann 的学生、现代数学天才之一魏尔斯特拉斯(1815—1897).作为 Bonn 大学的学生他对讲课不热衷,于 1839 年去 Münster 听 Gudermann 的课.Gudermann 对魏尔斯特拉斯的研究很有影响,很可能在 Münster 他们讨论过收敛的新概念.魏尔斯特拉斯从未完成博士学位,而在 1841 年成为 Gymnasium 教师.在他的任期内(直到 1854年),完成了大量第一流研究结果的手稿,遗憾的是未曾发表.在 1841 年的一篇手稿他提及一致收敛性 —— gleichmässige Convergenz—— 这一事实证实他可能从 Gudermann 那里学到了有关的想法.魏尔斯特拉斯多方面的成就使他在 1856 年取得柏林大学的席位,在那里他常常讨论一致收敛性.他的定义对多元函数都有效,采用其一元情形,他的定义是:

无穷级数 $\sum\limits_{v=0}^{\infty} u_v$ 在收敛域的子集 B 上一致收敛,如果给定任意小的正数 δ,可找到数 m 使得当 $n \geqslant m$ 的每个 n 及 B 中每个变量的值,和 $\sum\limits_{v=n}^{\infty} u_v$ 的绝对值小于 δ.

魏尔斯特拉斯的重要贡献还在于认识到一致收敛的用处,以及具体化成了关于函数项级数逐项积分与逐项求导的定理.

函数的概念:关于函数概念的持久争论开始于 1747 年,当时巴黎的达朗贝尔(1717—1783)发表了关于弦振动的研究,设一根弦最初置于 x 轴,两端处于 $x=0$ 及 $x=a$,将弦移动一下然后放开,若 t 时位于 x 处,则它的垂直位移为 $u(n,t)$,达朗贝尔证明,$u(x,t)$ 满足方程

$$u_{tt} = c^2 u_{xx} \tag{7.5}$$

其中 c 为常数,他还指出:如果初始位移由已知函数 f 给定,那么在任一时刻 $t \geqslant 0$ 时,点 x 的位移为

$$u(x,t) = \frac{1}{2}\left[\tilde{f}(x+ct) + \overline{f}(x-ct)\right]$$

其中 $\tilde{f}$ 是 f 在 **R** 上以周期为 $2a$ 的奇周期开拓. 显见为使 u 满足式(7.5) f 必须有二阶导数, 但欧拉(1707—1783)拒绝它的可导性. 他于 1748 年在柏林写的一篇文章里允许具有不连续导数的函数作为比二阶可导函数一个更好的可弹弦的模型. 达朗贝尔不接受这种函数, 这一分歧开始了他们之间生动的数学争论. 事实是欧拉的假设表示了新的东西, 因为那时函数的概念是解析表达式或公式. 实际上, 这正是欧拉的一本极有影响后半世纪分析学标准教科书《无穷小分析引论》出版那年, 欧拉在第四段定义一个变量的函数为:

由变量与数依任何方式作出的任一解析表示式

而后就在同一年, 弦振动问题使他认识到这一定义要适合应用数学的需要是太过狭隘了.

达朗贝尔解完全地描述了弦的运动, 由它规定了每一时刻弦上每一点的位置. 在数学上这是非常好的, 但这个现象的音乐描述在什么地方呢? 振动在哪里呢? 这个解并不显示对 t 的周期性, 是欧拉阐明了弦的运动关于时间是周期的, 并且是由各个振动组成. 事实上在 1748 年他写下仅当 f 为正弦函数的和时, 有

$$u(x,t) = \sum c_n \sin \frac{n\pi}{a} x \cos \frac{n\pi}{a} t \tag{7.6}$$

但没有指明是有限和还是无穷和. 在读过达朗贝尔与欧拉的文章之后, Basel 的伯努利(1700—1782)决定发表自己在 1753 年的看法. 或许这里由于欧拉现在所叙述的是他已经知道的事而存在激怒的因素. 在一篇更早的文章里伯努利已经叙述过弦运动是各个振动的叠加. 在有点戏要地批评达朗贝尔与欧拉之后 —— 他称前者为抽象的伟大数学家, 他断言这个形状可用正弦函数的无穷级数表示, 特别当 $t=0$ 时

$$f(x) = \sum_{n=1}^{\infty} c_n \sin \frac{n\pi}{a} x \tag{7.7}$$

如果接受这个方程, 那么与式(7.6)联合起来可得到弦振动问题解的下述表示

$$u(x,t) = \sum_{n=1}^{\infty} c_n \sin \frac{n\pi}{a} x \cos \frac{n\pi}{a} t$$

尽管伯努利并没有写出这个式子, 但今天称它为伯努利解, 它清楚地指明弦的运动关于时间是周期的. 伯努利是单独从物理上考虑建立方程(7.7)

的,没有提供任何数学理由.欧拉在同一年立即宣称拒绝接受.事实上,式 (7.7)的右端为周期函数而 f 不需要.此外,与欧拉早先的 f 不需要在每一点可导的想法相符合,他拒绝式(7.7)是因为右边的正弦函数是可导的.达朗贝尔也发表攻击伯努利的文章,他不屈服,他说他有无穷多个系数可选得均使等式成立.这一切就开创了 1770 年的狂热争论,双方谁也不肯让步.傅里叶关于热传导的研究,实际上解决了这一争论:正弦无穷级数可以是处处不可导的函数.

与此有关,欧拉对函数较宽概念显示出对作为公式的函数的优越性,在 1755 年 *Institutiones calculi differentialis* 中欧拉给出如下的新定义:

若某些量与其他的量有关,当后者改变时,前者也随之而变,则称它们为后者的函数.但是它不是最后定论,一方面它是含糊的,缺乏柯西分析学教程的出版所要求的严密性.另一方面,它不是完全可接受的.确定得胜之日是傅里叶的工作,他使用不连续函数和傅里叶断言的迪利克雷证明:一个三角级数可以收敛于这类函数.从此以后,不再折回到函数的纯分析概念.傅里叶本人试图给出新定义如下:

函数 $f(x)$ 表示一个完全任意的函数,即给定一系列值,按共同规律或不按共同规律,对于在 0 与任意大的 X 之间的一切 x 值作出回答.撇开完全任意的形容词不谈(它是什么意思呢)? 从傅里叶的工作可以很清楚地知道,他从未有过不连续点个数多于有限个的函数的想法.

迪利克雷也没有做到,但他后来认识到:他的收敛定理的一般化应允许具有无穷多个间断点的可积函数.如果这诱导他去研究函数的一般定义的话,那么他必须放弃他与之矛盾的许多断言,他从未叙述这种定义.后来在 1847～1849 年,迪利克雷在柏林大学有幸遇到一个极有才能的年轻学生,黎曼(1820—1866)从 Göttingen 大学转到柏林,在这里迪利克雷是他所爱戴的老师并有助于黎曼的研究兴趣,我们不知道在黎曼回到 Göttingen 之前(他于 1851 年在那里获得博士学位)他们是否讨论过函数的概念.事实是在他的论文开头,我们就读道:

如果设 z 为可以取一切实数的变量,对于它的每个值对应到未定量 w 的唯一值,那么称 w 是 z 的函数 ……. 这个定义在函数的两个变量之间没有指定任何固定的法则,因为在一特殊区间上定义之后,它可以完全任意地拓展到区间之外.

　　这就是傅里叶已经说过的没有共同规则,并且函数在$[-\pi,\pi]$之外如何拓展毫无关系.但黎曼定义得更严密一点,对每一个自变量的值,我们有函数的唯一值的对应.简单地说,这是第一个函数的一般且现代的定义.它结束了错误观念的时代.事实上,人们曾相信:当函数由解析式表达时,每个连续函数有导数但未必有积分.实际上相反的结论是真的:并不是每个连续函数都有导数,但它们都有积分,这是另一个论题.

　　积分:在 18 世纪积分的真正概念是反导数.莱布尼兹(Leibniz)很早已将积分定义作和,但他的思想在某一时期未引起人们的重视.这涉及无穷个无穷小量的和怎么办? 傅里叶改变一下,他用来处理的函数不是由解析式而是由曲线及曲线段给出的,并且发现反导数是不切实际的.代替它的结论是:不论 f 是否连续,式(7.4)确定的常数 c_n 可以看作 $f(x)$ 图像下方从 0 到 π 之间的面积,对应于积分作为面积的这一解释,柯西在 1823 年的著作 *Resunè des lecons donnés à l'Ecole Royale Polytechnique sur le calcul infinitesimal* 中给出如下的定义(我们改用现代的记法):如果 f 在 $[a,b]$ 上连续,点 $x_0,x_1,\cdots,x_n$ 满足

$$a=x_0<x_1<\cdots<x_n=b$$

当 $n\to\infty$ 时,对每个 i 有 $x_i-x_{i-1}\to0$,则

$$\int_a^b f=\lim_{n\to\infty}\sum_{i=1}^n f(x_{i-1})(x_i-x_{i-1}) \tag{7.8}$$

然后柯西能够证明——不是精确的,因为他缺乏一致连续的概念——这个极限存在.还要指出,如果 f 是按段连续的,它仍是可积的.因为 $[a,b]$ 可以分成有限多子区间,在每个子区间上 f 是连续的.在每个子区间上积分可以相加.显见柯西所述定积分的定义归功于傅里叶.

　　这个定义足以证明迪利克雷收敛定理.事实上,迪利克雷限制函数的不连续点的个数为有限个,使函数可积.为了将定理推广到有无穷多个不连续点,只需保证函数可积.他需要的可积性条件这一点,柯西定义恰恰没有提供.迪利克雷从未达到积分一个具有无穷多间断点的函数的目的,但黎曼成功了,他从迪利克雷那里熟知这一论题.1854 年为谋求在 Göttingen 的 Privatdozent 位置,他写了 Habilitationsschrift,按迪利克雷建议为 *über die Darstellbarkeite einer Funhtion durch eine trigonometrische Reiche*.在文中将柯西定义中式(7.8)的 $f(x_{i-1})$ 代以 $f(t_i)$,其中 t_i 是子区

间 $[x_{i-1}, x_i]$ 中的任一点,并去掉了对 f 连续性的要求. 他得到:如果当 n $\to \infty$ 时对每个 $i, x_i - x_{i-1} \to 0$,极限

$$\lim_{n \to \infty} \sum_{i=1}^{n} f(t_i)(x_i - x_{i-1}) \tag{7.9}$$

存在,则 f 是可积的. 接着,他给出了积分存在的一个定理,并指出这一定理的广泛应用,举出了具有无限多个间断点的可积函数的例子.

当然并不是每个函数都是可积的,例如在 1829 年文章之结尾处,迪利克雷指出,若 c, d 为常数,当 x 为有理数时 $f(x) = c$,当 x 为无理数时 $f(x) = d$,则确定 f 的傅里叶系数 c_n 的积分都无意义. 事实上式(7.9)的和当每个 t_i 为有理数其值为 c,当每个 t_i 为无理数时其值为 d,所以极限不存在. 但这是怪异的函数,是否可积并不重要. 在一段时间里黎曼的积分定义似乎是最一般的富于想象的. 实际上在它的应用中马上驱走了这一错误想法.

集论:在假定级数收敛且可以逐项求积条件下,式(7.3)的系数就可得到. 这是可能的吗?魏尔斯特拉斯的一个定理称,若收敛是一致的,则它是可以的,于是要问:何时傅里叶级数的收敛是一致的?我们并不是提出一个纯理论的问题,因为应用的需要要求回答它. 例如为了使式(7.2)是前面提出的问题的解,它必须对 $t \geqslant 0$ 及 $0 \leqslant x \leqslant \pi$ 连续. 若式(7.2)是一致收敛的,则正如阿贝尔在不知道使用一致收敛时所指出,它是连续的. 但特别在 $t = 0$ 时,式(7.2)的收敛必须是一致的,即式(7.3)中的傅里叶级数必须是一致的. 再次提出何时傅里叶级数是一致收敛的?Halle 大学的海涅(1821—1881)也向自己提出这个问题,1870 年他证明:若函数在 $[-\pi, \pi]$ 上满足迪利克雷条件,则其傅里叶级数在 $[-\pi, \pi]$ 去掉不连续点处的任意小邻域后的集上是一致收敛的.

黎曼在他的积分一文里,也考虑了 $[-\pi, \pi]$ 上通常形式的三角级数

$$\frac{1}{2}a_0 + \sum_{n=1}^{\infty} (a_n \cos nx + b_n \sin nx) \tag{7.10}$$

它的系数不必是某一函数的傅里叶系数. 使式(7.10)收敛于同一个函数,原则上系数可有许多种选择. 若式(7.10)是一致收敛的话,则据逐项积分表明系数必定是该和的傅里叶系数,而不能有多种选择. 这样海涅提出第二个问题:如何能减弱一致收敛的假设使得系数是唯一的?他发现:若式(7.10)在 $[-\pi, \pi]$ 去掉有限个点的任意小邻域后的子集上为一致收敛,

则系数是唯一的.

　　应当注意,海涅尽管从地理上远离了柏林的魏尔斯特拉斯世界但还在使用一致收敛性.他曾是魏尔斯特拉斯的学生,并且可能在离开柏林之前或者听到来自柏林的有关一致收敛的新消息.1869 年康托(1845—1918)成为 Halle 大学的 Privatdozent,不论怎样,海涅鼓励康托去进一步研究式(7.10)中系数的唯一性问题.康托开始完全着迷于一致收敛性概念,不久有了结果,但必须假定式(7.10)在每一点收敛.后来在 1871 年他允许式(7.10)可在有限个点处发散,而仍有系数唯一的结论.但康托很有抱负,他要做的是允许式(7.10)有无穷多个点发散情形得出同一结论.这应该是怎样的一类无穷点集呢? 1872 年康托发现为了作出这样的集,首先要发展实数理论,完成这一步之后,他定义了极限点的概念.

　　给定点集 P,如果在点 p 的每一邻域内,不论多么小,总存在 P 的无穷多点,则称 p 为集 P 的极限点.

　　所谓 p 的邻域,康托指的是包含 p 的一个开区间,然后他把 P 的全体极限点作为一个集,定义作 P 的导集 P',P' 的导集是 P 的二阶导集 P'',依此类推,直到 P 的 k 阶导集 $P^{(k)}$,它是 $P^{(k-1)}$ 的导集.接着他证明了最一般的唯一性定理:如果对 $[-\pi,\pi]$ 中的 x,除了使某个 k,$P^{(k)}$ 为空集的子集 P 外,式(7.10)均为 0,则它的所有系数均为 0.

　　从三角级数问题得到启示,他已为后来建立受人称赞而又有争议的集论打下了基础.

　　测度论的积分:一条途径是 1870 年康托通过研究使式(7.10)不为零而仍有 $a_n=b_n=0$ 结论的点集走向集论的第一步.另一条途径是 1870 年汉克尔(Hankel,1839—1873)通过研究可积函数不连续点的点集走向集论第一步.Tübingen 的教授汉克尔曾是黎曼在 Göttingen 的学生,正在寻找可积的充分必要条件.鉴于黎曼的高度不连续的可积函数例子,汉克尔打算用函数不连续点集来刻画可积性,并定义 f 在点 x_0 的跃度为一切数 $\sigma>0$ 的最大者——即上确界——它满足:在任一包含 x_0 的区间内存在 x 使 $|f(x)-f(x_0)|>\sigma$.如果以 S_σ 表示 f 的跃度大于 σ 的点集,汉克尔断言:有界函数可积当且仅当对每个 $\sigma>0$,S_σ 可被包含在总长度任意小的有限个区间之和中,我们把这一事实称为 S_σ 有容度为零.另外,如果集

不能如此包含它,那么称它是有正容度的,以这一结果汉克尔着手用集论方法研究积分.

但与这些思想的发展相反,汉克尔犯了一个错误并叙述了一个错误的定理.首先他定义了分散的集 —— 按现代属于康托的术语是无处稠密的集 —— 如果集中任何两点之间有在不含集中点的区间;后来他错误地以为,容度为零的集当且仅当它是分散的.他还叙述过:一个有界函数为可积当且仅当对每个 $\sigma > 0$,集 S_σ 是分散的.牛津的史密斯(Smith,1826—1883)仔细地读了汉克尔的文章,发现有错,并于 1875 年给出构造具正容度的无处稠密集的几种方法.不难看出,如果 S 是一个含于区间 I 内的正容度无处稠密集,且令 S 上 $f \equiv 1$,在 $I-S$ 上,$f \equiv 0$,则 f 是不可积的.

1881 年在 Pisa 的大学生沃尔泰拉(Volterra,1860—1940)用正容度的无处稠密集作出 $[0,1]$ 上的函数 f,使得 f' 在每一点存在且有界,但它不是可积的.因此 f' 在反导数意义下总有积分,但它可以没有黎曼意义下的积分.于是可以说黎曼的定义开始表示出某种不平静的苗头,此外众所周知,至少在 1875 年,对可积函数到交换求极限与求积并不总是可能的.

所有这一切表明积分的定义必须加以回顾,鉴于汉克尔的借助容度为零的集的刻画,新的方式必定是集论的,在约当(1838—1922)做了一些准备之后,由勒贝格(1875—1941)在 1902 年 Sorbonne 的博士论文里完成了,后来又扩展为一本书.他介绍了集的测度论,并以此为基础,推广了黎曼的定积分,消除了上面提到的缺点.

广义函数论:在 1811 年的论文里,傅里叶考虑无穷长的理想棒的热传导,它的初始温度是已知函数 f.此时不可能有级数解,他代之以一个积分解,为了满足初始条件,当 $t=0$ 时,它必须等于 f.按现代记号得出积分方程

$$f(x) = \int_{-\infty}^{+\infty} \hat{f}(\omega) e^{i\omega x} \, d\omega \tag{7.11}$$

必须求解未知函数 $\hat{f}$,其解为

$$\hat{f}(\omega) = \frac{1}{2\pi} \int_{-\infty}^{+\infty} f(x) e^{-i\omega x} \, dx \tag{7.12}$$

傅里叶的证明不严密但是很有趣,因为它包含进一步发现的萌芽. 下面来做一番研究:如果将式(7.12)代入式(7.11)的右端,变换积分顺序并化简,得到

$$
\int_{-\infty}^{+\infty} f(s)\left(\frac{1}{\pi}\int_0^{+\infty} \cos\ \omega(x-s)\mathrm{d}\omega\right)\mathrm{d}s
$$
$$
=\int_{-\infty}^{+\infty} f(s)\ \frac{1}{\pi}\ \lim_{p\to\infty}\ \frac{\sin\ p(x-s)}{x-s}\mathrm{d}s
$$

(7.13)

然后傅里叶说右端等于

$$
\int_{-\infty}^{+\infty} f(s)\ \frac{\sin\ p(x-s)}{\pi(x-s)}\mathrm{d}s
$$

(7.14)

其中 $p=\infty$. 让我们说:如果 $p>0$ 为固定的很大的数,那么式(7.14)是式(7.11)右端的近似值. 事实上,p 很大时,$\sin\ p(x-s)$ 在每个区间 $\left[x+\dfrac{k\pi}{p},x+\dfrac{(k+2)\pi}{p}\right]$ 上经历完全的振动,其中 k 为任意整数,且对 $k\neq-1$,$\dfrac{f(s)}{x-s}$ 接近于常数,在余下的区间 $f(s)\approx f(x)$,从而

$$
\int_{-\infty}^{+\infty} f(s)\ \frac{\sin\ p(x-s)}{\pi(x-s)}\mathrm{d}s
$$

$$
\approx f(x)\int_{x-\frac{\pi}{p}}^{x+\frac{\pi}{p}} \frac{\sin\ p(x-s)}{\pi(x-s)}\mathrm{d}s
$$

$$
=f(x)\int_{-\frac{\pi}{p}}^{\frac{\pi}{p}} \frac{\sin\ pu}{\pi u}\mathrm{d}u
$$

与上面一样,在实数的其余区间上,右端中商的积分是可以忽略的,可以

$$
\int_{-\infty}^{+\infty} f(s)\ \frac{\sin\ p(x-s)}{\pi(x-s)}\mathrm{d}s
$$

$$
\approx f(x)\int_{-\infty}^{+\infty} \frac{\sin\ pu}{\pi u}\mathrm{d}u
$$

$$
=\frac{f(x)}{\pi}\int_{-\infty}^{+\infty} f(s)\ \frac{\sin\ t}{t}\mathrm{d}t
$$

$$
=f(x)
$$

(7.15)

但是傅里叶在他的论证中保持 $p=\infty$. 这似乎要我们相信存在由下式

$$
\delta(x)=\lim_{p\to\infty}\frac{\sin\ px}{\pi x}
$$

定义的函数 δ,并且满足式(7.15)建议的

$$\int_{-\infty}^{+\infty} f(s)\delta(x-s)\mathrm{d}s = f(x) \qquad (7.16)$$

式(7.15)还建议 δ 在全实轴上的积分为 1,而导出式(7.15)的论证表明:在任何不包含原点的区间上,它的积分是零.简言之,不在原点 $\delta \equiv 0$,而 $\delta(0) = \infty$.

当然这样的函数是不存在的.但在应用上是有的.例如 Cambridge 的格林(Green,1793—1841)于 1828 年在 *An essay on the application of mathematical analysis to the theories of electricity and magnetism* 文中,考虑在包含原点的有界空间区域内,解方程

$$u_{xx} + u_{yy} + u_{zz} = f \qquad (7.17)$$

问题,其中 u 是已知电荷分布为 f 的电势,他指出,如果能先对在原点有一点电荷 —— 无穷的电荷密度 —— 解出的话,就可以解上述问题.我们可说存在 $\mathbf{R}^3$ 中的 δ 函数具有上述所希望的性质(当然积分是 3 维的).特别由于对不在原点处 $\delta \equiv 0$,且 $\delta(0) = \infty$,我们可将格林所说重述如下:式 (7.17)的解可从

$$u_{xx} + u_{yy} + u_{zz} = \delta \qquad (7.18)$$

的解得出.事实上,设 u^δ 是式(7.18)的解.将式(7.16)左边的 π 的函数记作 $f * \delta$.类似地定义 $f * u^\delta$,即得被积函数 δ 代以 u^δ.于是 $u = f * u^\delta$ 是式 (7.17)的解,如果在积分记号下允许求导,有

$$u_{xx} + u_{yy} + u_{zz} = f * (u^\delta_{xx} + u^\delta_{yy} + u^\delta_{zz})$$
$$= f * \delta = f$$

最后一个等式正是式(7.16).

有希望思想的作用不能被低估.在 1945—1948 年期间,施瓦兹 (1915— 2002)像以前傅里叶做过一样,在 Grenoble 独立地研究,将这个 δ 以及类似"函数"发展成完全严密的和有用的理论,他称之为广义函数,出版了他的两卷著作 *Théorie des distributions*.

回到 1811 年,带着委员会反对他的论文的失望,傅里叶回到远离巴黎的 Grenoble,因为他没有权力和影响,他的获奖论文也未能在 Institut 发表.而新的政治事件改变了他的命运,反拿破仑的欧洲联盟在 1814 年 4 月 11 日迫使拿破仑无条件退位,恢复路易十八的个人君主政体.傅里叶继续在新政体下任 Isère 的长官,这是出于他的外交手腕.但在次年 3 月之

前,他听到拿破仑已从流放地 Elba 回来的消息,担心他暂时效忠王权的后果逃到 Lyons,但当他到那里时,拿破仑已忘却他的忘恩负义的行动,任命他为 Rhǒne 的长官.5 月 17 日在这一位置上退职,从拿破仑得到养老金 6 000 法郎,最后傅里叶回到巴黎.1815 年 6 月 18 日在滑铁卢战役中新的联盟军打败了拿破仑,他被永远囚禁在 St Helena 岛,君主政体没有给傅里叶养老金,他分文无着.由于朋友和从前在 Ecole Polytechnique 的学生 Chabrol de Volvic 伯爵的帮助,他得到 Seine 研究所统计处主任的职位,这使他永久回到巴黎并摆脱了事务.

经过他的坚决主张,首先是发表获奖论文,最后刊于 *Mémoire de l'Academie Royale des Sciences de l'Institnt de France* 的卷 4(1824)与卷 5(1826).在此之前,1816 年 5 月科学院要选两名新委员.傅里叶为了自己的利益,精力旺盛地到处游说,经几轮投票他列居第二位.君主痛恨他在拿破仑第二期间的活动,拒绝认可.1817 年再次出现正常的空缺,在 5 月 12 日的选举中,傅里叶在 55 票中获 47 票.君主无可奈何只好予以承认.

傅里叶的科学立场已不再有任何可怀疑的了.1822 年他的 *Théorie analytique de la chaleur* 在巴黎出版,同年 11 月 18 日他成为科学院数学部常务秘书,他的晚年标志着荣誉与恶劣的健康.1826 年他给法国科学院常务秘书 Anger 的信中已经说到"看到生命复原的彼岸".再加上终年不离的风湿病,发展到如果不站着呼吸就特别短促和剧烈,作为应变办法,他发明了一个外形像个盒子,有孔可以伸出手臂和头的奇特装置,带着它继续工作.1830 年 5 月 16 日下午 4 时,他因心脏病发作旋即逝世.

第2章　全面理解傅里叶三角级数

§1　周　期　函　数

对于 x 的一切值都确定的函数 $f(x)$，在下列情况下叫作周期函数：如果存在着常数 $T \neq 0$，不管 x 是什么，都有

$$f(x+T) = f(x) \tag{1.1}$$

具有这样性质的数 T，叫作函数 $f(x)$ 的周期。最熟知的周期函数是 $\sin x, \cos x$，$\tan x, \cdots$。许多数学在物理和工程问题的应用中，都是必须要和周期函数打交道的。

周期是 T 的函数的和、差、积、商，显然也是具有同一周期的周期函数。

如果对于 x 值的任一个区间 $[a, a+T]$ 作出周期函数 $y = f(x)$ 的图形，那么将所作图形按周期重复下去，就得到这个函数的全部图形（图1）。

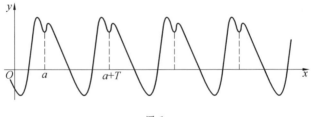

图1

如果 T 是函数 $f(x)$ 的周期，那么 $2T, 3T, 4T, \cdots$ 也都是周期，这从周期函数的图形或从下面这一串等式

$$f(x) = f(x+T) = f(x+2T) = f(x+3T) = \cdots$$

可以立刻看出来，而这一串等式，则是重复引用条件 (1.1) 得来的。由这个条件还可得到

$$f(x-T) = f[(x-T)+T] = f(x)$$

这就是说数 $-T$ 也是周期。因此 $-2T, -3T, -4T, \cdots$ 也都是周期。这样一来，如果 T 是周期，那么所有形如 kT 的数，其中 k 是正的或负的整数，也都是周期。今后我们

规定 $T > 0$.

对于周期是 T 的任意函数 $f(x)$ 我们指出下面这个性质:

如果 $f(x)$ 在某个长度是 T 的区间上可积,那么它在任何另一个同长的区间上也可积,而且积分的值不变,即对于任意的 a, b 有

$$\int_a^{a+T} f(x)\mathrm{d}x = \int_b^{b+T} f(x)\mathrm{d}x \tag{1.2}$$

把积分解释为面积,这个性质就不难推出.实际上,积分是由曲线 $y = f(x)$,两端的纵坐标线,Ox 轴四者所围成的面积来表示的,Ox 轴上方的面积冠以"+"号,Ox 轴下方的面积冠以"−"号.在上述情形,由于 $f(x)$ 有周期性,式(1.2)中的两个积分对应的面积是一样的(图 2).

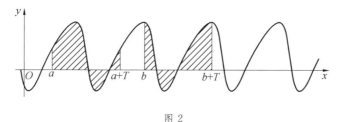

图 2

今后,当我们说周期为 T 的函数是可积时,就是指它在长为 T 的区间上是可积的,也就意味着它在任意有限区间上是可积的,这不难由上面建立的性质推出.

§2　谐　　量

最简单的,同时在应用上也是十分重要的周期函数是 $y = A\sin(\omega x + \varphi)$,其中,$A, \omega, \varphi$ 是常量.这个函数叫作具有振幅 $|A|$,频率 ω,初相 φ 的谐量.这个谐量的周期是 $T = \dfrac{2\pi}{\omega}$.实际上,对于任意的 x,我们有

$$A\sin\left[\omega\left(x + \frac{2\pi}{\omega}\right) + \varphi\right] = A\sin[(\omega x + \varphi) + 2\pi]$$
$$= A\sin(\omega x + \varphi)$$

"振幅""频率""初相"这些名称的来源是与下面关于简单振动(谐振动)的力学问题联系着的.

设质量为 m 的质点 M,受力 $\boldsymbol{F}$ 的作用,沿直线运动,力与点 M 到定点 O 的距离 s 成正比,方向朝着 O(图 3).和通常一样,规定:在 O 的右边,$s > 0$;在 O 的左边,$s <$

0，即和寻常一样地给直线一个正向，这样我们便得 $\boldsymbol{F}=-ks$，其中 k 是比例系数，$k>0$. 于是

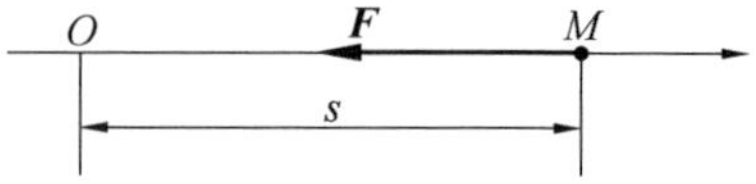

$$m\frac{\mathrm{d}^2 s}{\mathrm{d}t^2}=-ks$$

图 3

或

$$\frac{\mathrm{d}^2 s}{\mathrm{d}t^2}+\omega^2 s=0$$

其中 $\omega^2=\dfrac{k}{m}$，即 $\omega=\sqrt{\dfrac{k}{m}}$.

　　函数 $s=A\sin(\omega t+\varphi)$，其中 A 和 φ 是常数，是所得微分方程的解（运动开始时，即 $t=0$ 时，若已知点 M 的位置和速率，这些常数便可算出）. 我们便得到了谐量. 这样一来，s 便是时间 t 的周期函数，以 $T=\dfrac{2\pi}{\omega}$ 为周期. 这表示，在上述的力作用下，点 M 做振动.

　　振幅 $|A|$ 是点 M 与点 O 的最大距离. 数量 $\dfrac{1}{T}$ 是单位时间中的振动次数. 由此得到"频率"的名称. 数量 φ——初相——指出点 M 在开始运动时的位置，因为当 $t=0$ 时，我们有 $s_0=A\sin\varphi$.

　　再回到谐量 $y=A\sin(\omega x+\varphi)$ 来. 它的图形是什么样子的呢？ 我们可以规定 $\omega>0$，因为要不是这样，负号可以提到 sin 号的外面. 在最简单的情形下，$A=1$，$\omega=1$，$\varphi=0$，我们得到函数 $y=\sin x$，即通常的正弦函数（图 4(a)）. 当 $A=1$，$\omega=1$，$\varphi=\dfrac{\pi}{2}$，得到余弦函数 $y=\cos x$，它的图形可以将正弦函数 $y=\sin x$ 向左移动 $\dfrac{\pi}{2}$ 而得到.

　　考察谐量 $y=\sin\omega x$，并设 $\omega x=z$，便有 $y=\sin z$. 我们便得到通常的正弦函数，不过 $x=\dfrac{z}{\omega}$. 因此谐量 $y=\sin\omega x$ 的图形可以将通常正弦函数的图形，在横坐标方向变形而得到. 当 $\omega>1$ 时，变形成为均匀地压缩 ω 倍；而 $\omega<1$ 时，伸展 $\dfrac{1}{\omega}$ 倍. 图 4(b) 表示周期为 $T=\dfrac{2\pi}{3}$ 的谐量 $y=\sin 3x$.

　　又考察谐量 $y=\sin(\omega x+\varphi)$，并设 $\omega x+\varphi=\omega z$. 谐量 $y=\sin\omega z$ 的图形是我们已经知道的. 但是 $x=z-\dfrac{\varphi}{\omega}$. 因此，谐量 $y=\sin(\omega x+\varphi)$ 的图形，可以由谐量

$y = \sin \omega x$ 的图形,沿横轴移动 $-\dfrac{\varphi}{\omega}$ 而得到. 图 4(c) 表示周期为 $T = \dfrac{2\pi}{3}$,初相等 $\varphi = \dfrac{\pi}{3}$ 的谐量 $y = \sin\left(3x + \dfrac{\pi}{3}\right)$.

最后,谐量 $y = A\sin(\omega x + \varphi)$ 的图形,可以由谐量 $y = \sin(\omega x + \varphi)$ 的图形,将所有纵坐标乘 A 而得到. 图 4(d) 表示谐量 $y = 2\sin\left(3x + \dfrac{\pi}{3}\right)$.

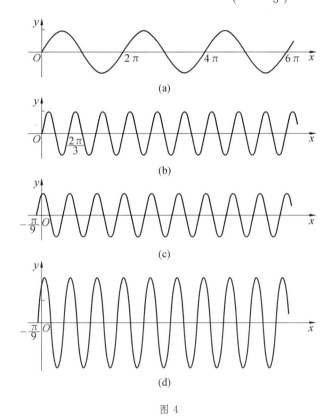

图 4

总结上述:所有谐量 $y = A\sin(\omega x + \varphi)$ 的图形,都可以由通常正弦函数的图形,沿坐标轴作均匀压缩(或伸展)和沿 Ox 轴移动而得到.

利用已知的三角公式,我们可以写出

$$A\sin(\omega x + \varphi) = A(\cos \omega x \sin \varphi + \sin \omega x \cos \varphi)$$

设

$$a = A\sin \varphi, b = A\cos \varphi \tag{2.1}$$

则所有谐量可以表示成

$$a\cos \omega x + b\sin \omega x \tag{2.2}$$

的形状.

反之,所有形如式(2.2)的函数都有谐量. 要证明这一点,我们只要从方程(2.1)求出 A 和 φ

$$A = \sqrt{a^2 + b^2}$$

$$\sin \varphi = \frac{a}{A} = \frac{a}{\sqrt{a^2 + b^2}}$$

$$\cos \varphi = \frac{b}{A} = \frac{b}{\sqrt{a^2 + b^2}}$$

由此不难把 φ 求出来.

今后对于谐量,都采用像式(2.2)那种形状的写法. 用这种写法,图 4(c)所表示的谐量 $y = 2\sin(3x + \frac{\pi}{3})$ 便是

$$2\sin(3x + \frac{\pi}{3}) = \sqrt{3}\cos 3x + \sin 3x$$

我们最好用下面的方法,也在式(2.2)里显明地写出周期 T.

设 $T = 2l$,则由等式 $T = \frac{2\pi}{\omega}$ 有

$$\omega = \frac{2\pi}{T} = \frac{\pi}{l}$$

因此,周期 $T = 2l$ 的阶量可以写成

$$a\cos \frac{\pi x}{l} + b\sin \frac{\pi x}{l} \tag{2.3}$$

§3　三角多项式和三角级数

命 $T = 2l$,考察频率为 $\omega_k = \frac{\pi k}{l}$,周期为 $T_k = \frac{2\pi}{\omega_k} = \frac{2l}{k}$ 的谐量

$$a_k\cos \frac{\pi k x}{l} + b_k\sin \frac{\pi k x}{l} \quad (k = 1, 2, \cdots) \tag{3.1}$$

因为 $T = 2l = kT_k$,立刻知道 $T = 2l$ 是所有谐量(3.1)的周期(因为周期乘上一个整数,还是周期,参看 §1). 因此,所有形如

$$s_n(x) = A + \sum_{k=1}^{n}\left(a_k\cos \frac{\pi k x}{l} + b_k\sin \frac{\pi k x}{l}\right)$$

的和式,其中 A 为常数,由于它是周期为 $2l$ 的函数的和式,也是具有同一周期的函数(加上一个常数显然不影响周期性,而且常数可以看成周期为任何的函数).函数 $s_n(x)$ 叫作 n 阶三角多项式(周期是 $2l$).

三角多项式虽然是由一些谐量所构成,但是这种函数比起简单的谐量一般是要复杂得多.我们可以给常数 $A,a_1,b_1,a_2,b_2,\cdots,a_n,b_n$ 一些数值,使函数 $y=s_n(x)$ 的图形根本不像简单谐量那种又平滑又对称的图形.图 5 表示三角多项式

$$y=\sin x+\frac{1}{2}\sin 2x+\frac{1}{4}\sin 3x$$

的图形.无穷三角级数的和式

$$A+\sum_{k=1}^{\infty}\left(a_k\cos\frac{\pi kx}{l}+b_k\sin\frac{\pi kx}{l}\right)$$

(如果收敛)也表示周期是 $2l$ 的函数.这种三角级数和式所表示的函数的性质更是多种多样了.于是问题就来了:是不是所有具有周期 $T=2l$ 的给定函数,都可能表达成三角级数的和呢?

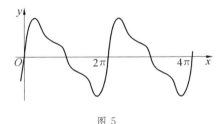

图 5

我们将会见到,对于很广泛的一类函数,这种表示的确是可能的.

设 $f(x)$ 属于这类函数.就是说,$f(x)$ 可以展成谐量的和式,亦即结构极简单的函数的和式.函数 $y=f(x)$ 的图形,可由谐量的图形"相加"而得到.如果把每个谐量看成简谐振动,而把 $f(x)$ 作为复合振动的标记,那么后者就分解为一些个别的谐振动的和.

但是不要以为三角级数只可用到振动现象上面去.根本不是这样的.三角级数的概念,在研究许多别样性质的现象时,还是很有用的.

如果

$$f(x)=A+\sum_{k=1}^{\infty}\left(a_k\cos\frac{\pi kx}{l}+b_k\sin\frac{\pi kx}{l}\right) \tag{3.2}$$

那么,命 $\frac{\pi x}{l}=t$ 或 $x=\frac{tl}{\pi}$,并以 $\varphi(t)=f\left(\dfrac{tl}{\pi}\right)$,便可得

$$\varphi(t) = A + \sum_{k=1}^{\infty} (a_k \cos kt + b_k \sin kt) \tag{3.3}$$

这个级数的各个谐量有共同的周期 2π. 因此,如果对于周期是 $2l$ 的函数,展式 (3.2) 成立,那么对于周期是 2π 的函数 $\varphi(t) = f\left(\dfrac{tl}{\pi}\right)$,展式 (3.3) 成立. 反过来的结论,显然也是正确的. 这是说,如果对于周期是 2π 的函数 $\varphi(t)$,展式 (3.3) 成立,那么对于周期是 $2l$ 的函数 $f(x) = \varphi\left(\dfrac{\pi x}{l}\right)$,展式 (3.2) 也成立.

这样一来,只要对于具有"标准"周期 2π 的函数,会解决展成三角级数的问题就够了. 这时的级数看起来是简单些. 因此我们只要建立关于形如式 (3.3) 的级数的理论,并将最终结果翻译成一般级数 (3.2) 的语言.

§4   术语的明确说明、可积性、函数项级数

让我们来明确说明一些微积分学里的术语,并回忆一下那里面的一些知识. 我们说 $f(x)$ 在区间 $[a, b]$ 上是可积时,是指积分

$$\int_a^b f(x) \mathrm{d}x \tag{4.1}$$

在初等意义下存在而言. 因此,我们的可积函数 $f(x)$,或许是连续的,或许是在区间 $[a, b]$ 上有有限个间断点,而在间断点的近旁,函数可能是有界的,也可能是无界的.

函数 $f(x)$ 在区间 $[a, b]$ 上叫作绝对可积的,如果函数 $|f(x)|$ 在这个区间上是可积的. 在积分学教程里证明过:如果积分

$$\int_a^b |f(x)| \mathrm{d}x$$

存在,那么积分 (4.1) 一定是存在的. 反过来不一定对. 又如果 $f(x)$ 是绝对可积的,而 $\varphi(x)$ 是有界可积函数,那么乘积 $f(x)\varphi(x)$ 是绝对可积的.

我们提出下面的重要命题:

设 $f(x)$ 在 $[a, b]$ 上连续,在有限个点 $x_1, x_2, \cdots, x_m (a < x_1 < x_2 < \cdots < x_m < b)$ 处没有导数,且 $f'(x)$ 在区间 $[a, b]$ 可积. 那么

$$f(b) - f(a) = \int_a^b f'(x) \mathrm{d}x \tag{4.2}$$

在积分学的教程里,通常是就 $f'(x)$ 处处存在的情况来证明这个公式的. 因此

我们要按现在所考虑的情况来进行证明.

对于足够小的 $h > 0$, 有

$$f(x_1 - h) - f(a) = \int_a^{x_1 - h} f'(x)\mathrm{d}x$$

$$f(x_{k+1} - h) - f(x_k + h)$$

$$= \int_{x_k + h}^{x_{k+1} - h} f'(x)\mathrm{d}x \quad (k = 1, 2, \cdots, m - 1)$$

$$f(b) - f(x_m + h) = \int_{x_m + h}^b f'(x)\mathrm{d}x$$

这是因为在每一个区间 $[a, x_1 - h]$, $[x_1 + h, x_2 - h]$, $\cdots$, $[x_{m-1} + h, x_m - h]$, $[x_m +$ $h, b]$ 上 $f'(x)$ 是到处存在的. 当 $h \to 0$ 时, 有

$$f(x_1) - f(a) = \int_a^{x_1} f'(x)\mathrm{d}x$$

$$f(x_{k+1}) - f(x_k)$$

$$= \int_{x_k}^{x_{k+1}} f'(x)\mathrm{d}x \quad (k = 1, 2, \cdots, m - 1)$$

$$f(b) - f(x_m) = \int_{x_m}^b f'(x)\mathrm{d}x$$

要得到式 (4.2), 只要将这些等式合并就可以了.

由上面所证得的结果, 我们就可以用下面的方法来推广分部积分的公式:

设 $f(x)$ 和 $\varphi(x)$ 是在 $[a, b]$ 上连续的函数, 可能在有限多个点处没有导数, 并设 $f'(x)$ 和 $\varphi'(x)$ 绝对可积①. 那么

$$\int_a^b f(x)\varphi'(x)\mathrm{d}x = [f(x)\varphi(x)]_{x=a}^{x=b} - \int_a^b f'(x)\varphi(x)\mathrm{d}x \tag{4.2'}$$

实际上, 函数

$$[f(x)\varphi(x)]' = f(x)\varphi'(x) + f'(x)\varphi(x)$$

是可积的, 因为右边每一项是有界函数和绝对可积函数的乘积, 因此是可积的 (而且是绝对可积的) 函数. 因此由公式 (4.2) 得

$$[f(x)\varphi(x)]_{x=a}^{x=b} = \int_a^b [f(x)\varphi'(x) + f'(x)\varphi(x)]\mathrm{d}x$$

由此马上推出等式 (4.2').

我们知道, 如果函数 $f_1(x), f_2(x), \cdots, f_n(x)$ 在 $[a, b]$ 上可积, 那么它的和也

① 不必要求两个导数都绝对可积, 只要要求其中一个绝对可积就够了. 今后要求第一个绝对可积.

可积,而且

$$\int_a^b \Big[\sum_{k=1}^n f_k(x)\Big]\mathrm{d}x = \sum_{k=1}^n \int_a^b f_k(x)\mathrm{d}x \tag{4.3}$$

现在考察函数项无穷级数

$$f_1(x) + f_2(x) + \cdots + f_k(x) + \cdots = \sum_{k=1}^\infty f_k(x) \tag{4.4}$$

它叫作对于 x 的已给值是收敛的,如果它的部分和

$$s_n(x) = \sum_{k=1}^n f_k(x) \quad (n=1,2,\cdots)$$

有有限的极限

$$s(x) = \lim_{n\to\infty} s_n(x)$$

这时 $s(x)$ 叫作级数的和,而且显然是 x 的函数.如果级数对于区间 $[a,b]$ 的一切 x 都是收敛的,那么它的和 $s(x)$ 确定在 $[a,b]$ 上.

对于在区间 $[a,b]$ 上收敛的可积函数的组成的级数,公式(4.3)可以推广吗? 也就是说,公式

$$\int_a^b \Big[\sum_{k=1}^\infty f_k(x)\Big]\mathrm{d}x = \int_a^b s(x)\mathrm{d}x = \sum_{k=1}^\infty \int_a^b f_k(x)\mathrm{d}x \tag{4.5}$$

成立吗(问题是,逐项积分是否可能)? 事实上是不尽然的,即使可积函数项的级数,甚至连续函数项的级数,也可以具有不可积的和的.对于级数可否逐项微分也有类似的问题.我们单提出上述运算可以适用的一类重要的函数项级数.

级数(4.4)叫作在区间 $[a,b]$ 上均匀收敛,如果对于一切正数 ε,存在着数 N,使对于所有不小于 N 的 n,以及所有在区间 $[a,b]$ 的 x,不等式

$$|s(x) - s_n(x)| \leqslant \varepsilon \tag{4.6}$$

成立.

如果我们考察函数 $y=s(x)$(级数的和)和 $y=s_n(x)$(级数的部分和)的图形,那么均匀收敛的性质就表示:对于足够大的指标 n,以及所有的 x,级数的和与对应的部分和两者的图形,彼此相距小于一个预先给定的 ε,这就是说,这两个图形(对于所有的 x)均匀地靠近(图6).

并不是每一个在某区间上收敛的级数都是均匀收敛的.有一个关于判别函数项级数是否均匀收敛的极有用而简单的准则:

如果正项级数

$$u_1 + u_2 + \cdots + u_k + \cdots$$

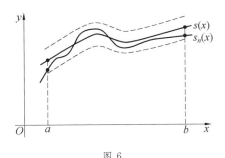

图 6

收敛,而且对于从某值起的所有 k,不管 x 在区间 $[a,b]$ 取什么值,都有 $|f_k(x)| \leqslant u_k$,那么级数(4.3)在区间 $[a,b]$ 上均匀收敛(而且绝对收敛).

下面的重要定理是成立的.

1. 如果级数(4.4)的每一项在 $[a,b]$ 上连续,而且级数在这个区间上均匀收敛,那么:

(1) 级数的和是连续函数;

(2) 级数可以逐项积分,即,对于它,公式(4.5)是正确的.

2. 如果级数(4.4)收敛,它的各项可微分,而且级数

$$f'_1(x) + f'_2(x) + \cdots + f'_k(x) + \cdots = \sum_{k=1}^{\infty} f'_k(x)$$

在 $[a,b]$ 上均匀收敛,那么

$$\Big(\sum_{k=1}^{\infty} f_k(x)\Big)' = s'(x) = \sum_{k=1}^{\infty} f'_k(x)$$

亦即级数(4.4)可以逐项微分.

§5　基本三角函数系、正弦和余弦的正交性、函数系

$$1, \cos x, \sin x, \cos 2x, \sin 2x, \cdots, \cos nx, \sin nx, \cdots \qquad (5.1)$$

叫作基本三角函数系. 所有这些函数都有共同的周期 2π(虽然 $\cos nx$ 和 $\sin nx$ 有更小的周期 $\dfrac{2\pi}{n}$). 我们来建立几个辅助公式.

对于任意整数 $n \neq 0$,有

$$\begin{cases} \displaystyle\int_{-\pi}^{\pi} \cos nx \, dx = \Big[\dfrac{\sin nx}{n}\Big]_{x=-\pi}^{x=\pi} = 0 \\[3mm] \displaystyle\int_{-\pi}^{\pi} \sin nx \, dx = \Big[-\dfrac{\cos nx}{n}\Big]_{x=-\pi}^{x=\pi} = 0 \end{cases} \qquad (5.2)$$

$$\begin{cases} \displaystyle\int_{-\pi}^{\pi} \cos^2 nx \, \mathrm{d}x = \int_{-\pi}^{\pi} \frac{1 + \cos 2nx}{2} \mathrm{d}x = \pi \\[3mm] \displaystyle\int_{-\pi}^{\pi} \sin^2 nx \, \mathrm{d}x = \int_{-\pi}^{\pi} \frac{1 - \cos 2nx}{2} \mathrm{d}x = \pi \end{cases} \tag{5.3}$$

由已知的三角公式

$$\cos \alpha \cos \beta = \frac{1}{2}\big[\cos(\alpha + \beta) + \cos(\alpha - \beta)\big]$$

$$\sin \alpha \sin \beta = \frac{1}{2}\big[\cos(\alpha - \beta) - \cos(\alpha + \beta)\big]$$

可知:对于任意整数 n 和 m,$n \neq m$,有

$$\begin{cases} \displaystyle\int_{-\pi}^{\pi} \cos nx \cos mx \, \mathrm{d}x \\[2mm] = \dfrac{1}{2}\displaystyle\int_{-\pi}^{\pi}\big[\cos(n+m)x + \cos(n-m)x\big]\mathrm{d}x = 0 \\[4mm] \displaystyle\int_{-\pi}^{\pi} \sin nx \sin mx \, \mathrm{d}x \\[2mm] = \dfrac{1}{2}\displaystyle\int_{-\pi}^{\pi}\big[\cos(n-m)x - \cos(n+m)x\big]\mathrm{d}x = 0 \end{cases} \tag{5.4}$$

最后,由公式

$$\sin \alpha \cos \beta = \frac{1}{2}\big[\sin(\alpha + \beta) + \sin(\alpha - \beta)\big]$$

可知:对于任意整数 n 和 m,有

$$\int_{-\pi}^{\pi} \sin nx \cos mx \, \mathrm{d}x$$
$$= \frac{1}{2}\int_{-\pi}^{\pi}\big[\sin(n+m)x + \sin(n-m)x\big]\mathrm{d}x = 0 \tag{5.5}$$

等式(5.2)(5.4)(5.5)指出:函数系(5.1)中任意两个相异函数的乘积,在区间$[-\pi, \pi]$上所取的积分等于零.

我们说两个函数 $\varphi(x)$ 和 $\psi(x)$ 在区间$[a, b]$上是正交的,如果

$$\int_a^b \varphi(x)\psi(x)\mathrm{d}x = 0^{①}$$

采用这个定义,我们便可以说,函数系(5.1)的各函数在区间$[-\pi, \pi]$上两两

---

① 几何上正交是指垂直的意思. 不要以为函数正交性的概念相当于图形上有垂直性的什么类似的东西,虽然这个概念和适当地推广后的垂直概念是相近的.

正交,简言之,系(5.1)在[−π,π]上正交.

我们知道,周期函数在长度等于周期的任意区间上的积分取不变的值(§1). 因此公式(5.2) ～ (5.5)不但对于区间[−π,π]成立,而且对于任意区间[a, $a+2\pi$]也成立.所以系(5.1)在所有这样的区间上正交.

§6　周期是 2π 的函数的傅里叶级数

设对于周期是 2π 的函数 $f(x)$,展式

$$f(x) = \frac{a_0}{2} + \sum_{k=1}^{\infty} (a_k \cos kx + b_k \sin kx) \tag{6.1}$$

成立.这里常数项记成 $\dfrac{a_0}{2}$ 是为了以后公式的划一.我们提出怎样就给定的函数 $f(x)$ 来计算系数 $a_0, a_k, b_k (k = 1, 2, \cdots)$ 的问题.为此,我们做这样的假定:级数 (6.1)以及就要得到的级数都可以逐项积分,即,这些级数之和的积分等于其各项积分的和(也就假定了函数 $f(x)$ 的可积性).将等式(6.1)由 −π 积到 π,得

$$\int_{-\pi}^{\pi} f(x) \mathrm{d}x$$

$$= \frac{a_0}{2} \int_{-\pi}^{\pi} \mathrm{d}x + \sum_{k=1}^{\infty} \left(a_k \int_{-\pi}^{\pi} \cos kx \, \mathrm{d}x + b_k \int_{-\pi}^{\pi} \sin kx \, \mathrm{d}x \right)$$

由于式(5.2),总和符号下一切积分等于零.因此

$$\int_{-\pi}^{\pi} f(x) \mathrm{d}x = \pi a_0 \tag{6.2}$$

将等式(6.1)两边用 $\cos nx$ 来乘,再把结果积分,取同样积分限,便得

$$\int_{-\pi}^{\pi} f(x) \cos nx \, \mathrm{d}x = \frac{a_0}{2} \int_{-\pi}^{\pi} \cos nx \, \mathrm{d}x +$$

$$\sum_{k=1}^{\infty} \left(a_k \int_{-\pi}^{\pi} \cos kx \cos nx \, \mathrm{d}x + b_k \int_{-\pi}^{\pi} \sin kx \cos nx \, \mathrm{d}x \right)$$

根据式(5.2),右边第一个积分等于零.因为系(5.1)中各函数两两正交,所以总和符号下面的一切积分,除了一个以外,也都等于零.只剩下积分

$$\int_{-\pi}^{\pi} \cos^2 nx \, \mathrm{d}x = \pi$$

了(参看式(5.3)),它是 a_n 的系数.于是

$$\int_{-\pi}^{\pi} f(x) \cos nx \, \mathrm{d}x = a_n \pi \tag{6.3}$$

用同样的方法可求出

$$\int_{-\pi}^{\pi} f(x)\sin nx \, dx = b_n \pi \tag{6.4}$$

由式 $(6.2) \sim (6.4)$，得

$$a_n = \frac{1}{\pi}\int_{-\pi}^{\pi} f(x)\cos nx \, dx \quad (n=0,1,2,\cdots)$$

$$b_n = \frac{1}{\pi}\int_{-\pi}^{\pi} f(x)\sin nx \, dx \quad (n=1,2,\cdots) \tag{6.5}$$

这样一来，如果 $f(x)$ 是可积的，且可以展开成三角级数，并且这个级数的和乘上 $\cos nx$ 或乘上 $\sin nx (n=1,2,\cdots)$ 后，所得的级数都是可以逐项积分的，那么系数 a_n 和 b_n 便可以从公式 (6.5) 算出.

现在设给出某个周期是 2π 的可积函数，我们要把这个函数表示成三角级数的和式. 如果这个表示是可能的（并满足上述可逐项积分的要求），那么根据以上所说，系数 a_n 和 b_n 就必须由公式 (6.5) 得到. 因此要找以 $f(x)$ 为和的三角级数，自然首先就要注意到系数由公式 (6.5) 算出的那个级数，再看一看它是否具有我们所需要的这个性质. 以后我们将看到有广泛的一类函数是这样的.

由公式 (6.5) 算出的系数 a_n 和 b_n 叫作函数 $f(x)$ 的傅里叶系数，而有这样系数的三角级数叫作它的傅里叶级数. 顺便提起，在公式 (6.5) 里，被积函数是以 2π 为周期的函数. 因此积分区间可以换成长为 2π 的任意其他区间（参看 §1），而除了公式 (6.5)，还可得到

$$a_n = \frac{1}{\pi}\int_{a}^{a+2\pi} f(x)\cos nx \, dx \quad (n=0,1,2,\cdots)$$

$$b_n = \frac{1}{\pi}\int_{a}^{a+2\pi} f(x)\sin nx \, dx \quad (n=1,2,\cdots) \tag{6.6}$$

根据上述内容，自然就要特别注意傅里叶级数. 如果只是作出函数 $f(x)$ 的傅里叶级数，而先不去考虑它是否收敛到 $f(x)$ 的问题，那么我们写成

$$f(x) \sim \frac{a_0}{2} + \sum_{n=1}^{\infty}(a_n\cos nx + b_n\sin nx)$$

这样的写法只表示函数 $f(x)$ 对应于右边所写的傅里叶级数. 当我们能证明，也只有当我们能证明，级数收敛而且它的和等于 $f(x)$ 时，符号"$\sim$"才能换成符号"$=$".

由以上的推理，不难得到下面这个常常很有用的定理：

定理 1　如果把周期是 2π 的函数 $f(x)$ 展成某个在全部 Ox 轴上①均匀收敛的三角级数,那么这个级数便是 $f(x)$ 的傅里叶级数.

事实上,设等式(6.1)对于 $f(x)$ 成立,并设其中的级数是均匀收敛的.根据 §4 所提到的定理 1,$f(x)$ 是连续的并且可以逐项积分的.等式(6.2)于是成立.

考察等式

$$f(x)\cos nx = \frac{a_0}{2}\cos nx + \sum_{k=1}^{\infty}(a_k\cos kx\cos nx + b_k\sin kx\cos nx)\quad(6.7)$$

我们来证明右边的级数是均匀收敛的.

命

$$s_m(x) = \frac{a_0}{2} + \sum_{k=1}^{m}(a_k\cos kx + b_k\sin kx)$$

设 ε 是任意正数.若级数(6.1)均匀收敛,则存在着数 N,对于所有的 $m \geqslant N$,都有

$$|f(x) - s_m(x)| \leqslant \varepsilon$$

乘积 $s_m(x)\cos nx$ 显然是级数(6.7)的第 m 个部分和.

因此,由于关系式

$$|f(x)\cos nx - s_m(x)\cos nx|$$
$$=|f(x) - s_m(x)||\cos nx| \leqslant \varepsilon$$

对于所有的 $m \geqslant N$ 是成立的,于是便得到级数(6.7)的均匀收敛性.

在这样的情况下,这个级数可以逐项积分,而积分的结果就给出了等式(6.3).同样地,可以证明(6.4).这时决定系数 a_n,b_n 的公式(6.5)就证明了.这就表示,级数(6.1)是 $f(x)$ 的傅里叶级数.

现代有关傅里叶级数的理论可以证明以下更广的命题,由于证明复杂,我们不打算证了.

定理 2　如果周期是 2π 的绝对可积函数 $f(x)$ 可展成某个三角级数,可能除去有限个值(对于一个周期来讲)以外,它到处收敛到 $f(x)$,那么这个级数是 $f(x)$ 的傅里叶级数.

这个定理肯定了上面说过的道理:要找一个三角级数,使它的和是已给函数,首先就必须找傅里叶级数.

---

①　由于 $f(x)$ 有周期性,可以只要求它在 $[-\pi,\pi]$ 上均匀收敛,以此来代替在全部 Ox 轴上均匀收敛的要求.

§7　在长度为 2π 的区间上给出的
函数的傅里叶级数

在应用上,常常遇到要把一个只在区间 $[-\pi,\pi]$ 上给出的函数 $f(x)$ 展成三角级数的问题,因此这里就不提 $f(x)$ 的周期性.尽管如此,这一点也不妨碍我们把它的傅里叶级数写下来,因为在公式(6.5)中只出现区间 $[-\pi,\pi]$.同时,要是把 $f(x)$ 由区间 $[-\pi,\pi]$ 按周期延续到 Ox 轴上,便得到一个周期函数,在 $[-\pi,\pi]$ 上它和 $f(x)$ 相同,而且它的傅里叶级数和 $f(x)$ 的傅里叶级数是一样的.同时,如果 $f(x)$ 的傅里叶级数收敛到它本身,那么级数的和,因为它是周期函数,便给出了 $f(x)$ 由区间 $[-\pi,\pi]$ 周期延续到全部 Ox 轴上的函数.

这样一来,说到在 $[-\pi,\pi]$ 上给出的那个 $f(x)$ 的傅里叶级数,无异于说到 $f(x)$ 经周期延续到 Ox 轴上后所得那个函数的傅里叶级数.由此可知,我们只要对周期函数的傅里叶级数来作出收敛准则便够了.

关于上面所讲把 $f(x)$ 由区间 $[-\pi,\pi]$ 周期延续到 Ox 轴上这一点,提出下面的注意事项是适宜的.

如果 $f(-\pi)=f(\pi)$,那么周期延续是不会遇到任何困难的(图7(a)).并且,如果 $f(x)$ 在区间 $[-\pi,\pi]$ 上连续,那么由它延续出来的函数在整个 Ox 轴上也是连续的.

但若 $f(-\pi) \neq f(\pi)$,则不改变 $f(-\pi)$ 和 $f(\pi)$ 的数值,就不可能实现所需的延续,因为根据周期性的意义,$f(-\pi)$ 应该和 $f(\pi)$ 一样的.我们可以用两个方法来躲开这个困难:其一,根本不去考虑 $f(x)$ 在 $x=-\pi$ 和 $x=\pi$ 处的值,因而使函数在这些值处是不定义的,结果也就使 $f(x)$ 的周期延续,在所有像 $(2k+1)\pi(k=0,\pm1,\pm2,\cdots)$ 的 x 值处不定义;其二,按照我们的方法来改变函数 $f(x)$ 在 $x=-\pi,x=\pi$ 处的值,使它们相等.要紧的是:不管用哪种方法,傅里叶系数和原来的一样.实际上,在有限个点处改变函数的数值,甚至于函数在这些点处不定义,都不会影响积分的数值,特别说来,不会影响式(6.5)内决定傅里叶系数的积分的数值.这样一来,不管我们是否按上面所说来改变 $f(x)$,它的傅里叶级数是不变动的.

必须注意,当 $f(x)$ 在区间 $[-\pi,\pi]$ 上连续,且 $f(-\pi) \neq f(\pi)$ 时,不管怎样变动在 $x=-\pi$ 和 $x=\pi$ 处的函数值,$f(x)$ 在全部 Ox 轴上的周期延续,在 $x=(2k+$

1)$\pi(k=0,\pm1,\pm2,\cdots)$ 的点处是间断的(参看图 7(b)).当 $f(-\pi)\neq f(\pi)$ 时,在这些点处,傅里叶级数收敛到什么值呢?这个特殊问题,以后再去解决.

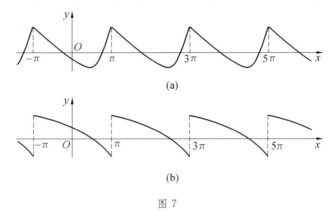

(a)

(b)

图 7

现在设 $f(x)$ 定义在长度为 2π 的任意区间 $[a,a+2\pi]$ 上,要求把它展成三角级数.用公式(6.6)来计算傅里叶级数.和上面一样,我们得出这样的结论:函数 $f(x)$ 和把它在 Ox 轴上作周期延续所得出的函数两者,它们的傅里叶级数说起来是一样的.并且在区间 $[a,a+2\pi]$ 连续的函数 $f(x)$,在 $f(a)\neq f(a+2\pi)$ 的情况下,它所延续出来的函数,在形如 $x=a+2k\pi(k=0,\pm1,\pm2,\cdots)$ 的点处不连续.

§8 　函数在一点处的左右极限、第一种间断点

我们引进记号

$$\lim_{\substack{x\to x_0\\x<x_0}}f(x)=f(x_0-0)$$

$$\lim_{\substack{x\to x_0\\x>x_0}}f(x)=f(x_0+0)$$

(如果这些极限存在而且有限).这些极限中的第一个叫作 $f(x)$ 在点 x_0 处的左极限,第二个叫作 $f(x)$ 在点 x_0 处的右极限.在连续点处,根据连续性的定义,这些极限存在,而且

$$f(x_0-0)=f(x_0)=f(x_0+0) \tag{8.1}$$

若 x_0 是函数 $f(x)$ 的间断点,则左右极限(二者或其中之一)有时存在,有时不存在.若两个极限都存在,则说点 x_0 是函数 $f(x)$ 的第一种间断点.若有一个极限不存在,则点 x_0 叫作第二种间断点.我们只讨论第一种间断点.如果 x_0 是这样的

点,那么数值

$$\delta = f(x_0 + 0) - f(x_0 - 0) \tag{8.2}$$

叫作函数 $f(x)$ 在点 x_0 处的跃度.

为说明所说的事,举例如下.设

$$f(x) = \begin{cases} -x^3, & \text{当 } x < 1 \\ 0, & \text{当 } x = 1 \\ \sqrt{x}, & \text{当 } x > 1 \end{cases} \tag{8.3}$$

图 8 表示这个函数的图形.

$x = 1$ 时的函数值用个小圆圈表示.当 $x = 1$ 时,左右极限显然是

$$f(1 - 0) = -1, f(1 + 0) = 1$$

因此我们得到函数的跃度

$$\delta = f(1 + 0) - f(1 - 0) = 2$$

这完全是和跃度这个词的直观体会相符合的 —— 参看图 8.

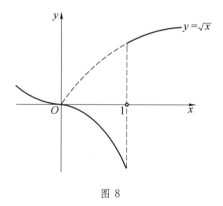

图 8

第一种间断点是会出现的,例如,把连续在区间 $[-\pi, \pi]$ 的函数 $f(x)$ 由这个区间按周期延续到全部 Ox 轴上,在 $f(-\pi) \neq f(\pi)$ 的情况下,它就出现了(参看图 7(b)).同时所有跃度都等于

$$\delta = f(-\pi) - f(\pi)$$

§9　滑溜函数和逐段滑溜函数

函数 $f(x)$ 叫作在区间 $[a, b]$ 上滑溜的,如果它在这个区间具有连续的导数.用几何术语来说,这表示当切线沿着曲线 $y = f(x)$ 移动时,它的方向连续地改变而没

有跳跃(图 9(a)).于是滑溜函数的图形是以无角点的平滑曲线来表示的.

我们说连续函数 $f(x)$ 在区间 $[a,b]$ 上逐段滑溜,如果这个区间可以分成有限个子区间,在每一个 $f(x)$ 上是滑溜的.逐段滑溜函数的图形因此是一条连续曲线,可能有有限个角点(参看图 9(b)).我们今后把滑溜函数看成逐段滑溜函数的特例.

我们说不连续函数 $f(x)$ 在区间 $[a,b]$ 上逐段滑溜,如果:(1) 在这个区间上它只有有限个第一种间断点;(2) 在区间 $[a,b]$ 上为间断点所分成的每一个子区间 $[\alpha,\beta]$ 上,连续函数

$$g(x)=\begin{cases}f(\alpha+0), & \text{当 } x=\alpha \\ f(x), & \text{当 } \alpha<x<\beta \\ f(\beta-0), & \text{当 } x=\beta\end{cases} \tag{9.1}$$

是逐段滑溜的.

函数 $g(x)$ 在 $\alpha\leqslant x\leqslant\beta$ 确定.当 $\alpha<x<\beta$ 时,它是连续函数 $f(x)$,当 $x=\alpha$ 及 $x=\beta$ 时,补上使函数能保持连续的两个值.在图 9(c) 上,这些值用小圆圈表示.必须注意,函数 $f(x)$ 本身在 $\alpha\leqslant x\leqslant\beta$ 考虑时(不在 $f(x)$ 连续的区间 $\alpha<x<\beta$ 考虑),它可能是不连续的.

图 9(d) 表示具有两个间断点 c 和 d 的逐段滑溜函数.这两个间断点把区间 $[a,b]$ 分成三个子区间 $[a,c]$,$[c,d]$,$[d,b]$,在每一个子区间上,函数 $f(x)$ 在端点处按照式(9.1)"修正"后,是连续而逐段滑溜的.

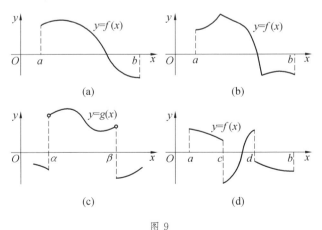

图 9

对于一切 x 都定义的函数 $f(x)$,连续的或不连续的都在内,叫作逐段滑溜的,如果在每一个长度为有限的区间上,它是逐段滑溜的.特别说来,如果周期函数在

一个周期上逐段滑溜,那么它就是逐段滑溜的.

一切逐段滑溜的函数 $f(x)$(连续的或是不连续的),除去角点和间断点(在所有这些点处 $f'(x)$ 不存在),处处是有界的,是具有有界导函数的,并且,像原来的函数一样,这个导函数只能有第一种间断点.

§10   傅里叶级数收敛准则

我们将作出最常用的傅里叶级数收敛准则,这个准则的证明留到第 3 章.

周期是 2π 的逐段滑溜(连续或不连续)函数 $f(x)$ 的傅里叶级数对于 x 一切的值都收敛,并且它的和在每个连续点处等于 $f(x)$,在每个间断点处,等于 $\dfrac{f(x+0)+f(x-0)}{2}$(左右极限的算术中值)(图 10).

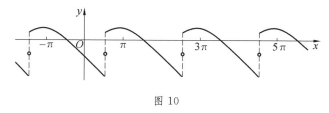

图 10

若 $f(x)$ 处处连续,则级数绝对收敛且均匀收敛.

设函数 $f(x)$,只在 $[-\pi,\pi]$ 上给出,在这个区间上逐段滑溜而且在端点处连续.在 §7 我们提起过,$f(x)$ 的傅里叶级数和将 $f(x)$ 在 Ox 轴按周期延续所得函数的傅里叶级数是一致的.但是这样的周期延续,显然会得出在全部 Ox 轴上逐段滑溜的函数 $f(x)$.因此根据我们所作的准则,便知傅里叶级数处处收敛.特别说来,在我们所注意的区间 $[-\pi,\pi]$ 上收敛,并且当 $-\pi<x<\pi$ 时,级数在连续点处收敛到 $f(x)$,在间断点处收敛到 $\dfrac{f(x+0)+f(x-0)}{2}$.但在区间 $[-\pi,\pi]$ 的端点怎么样呢?

有两种可能情况:

(1)$f(-\pi)=f(\pi)$.这时周期延续显然会得出在点 $-\pi$ 和 π 处(一般说来,在一切形如 $x=(2k+1)\pi\ (k=0,\pm 1,\pm 2,\cdots)$ 的点处)连续的函数.因此由我们的准则可知,级数收敛到 $f(x)$.

(2)$f(-\pi)\neq f(\pi)$.这时周期延续得出在点 $-\pi$ 和 π 处(一般说来,在一切形如 $x=(2k+1)\pi(k=0,\pm 1,\pm 2,\cdots)$ 的点处)不连续的函数,同时对于延续了的 $f(x)$

显然有

$$f(-\pi-0)=f(\pi), f(-\pi+0)=f(-\pi)$$

$$f(\pi+0)=f(-\pi), f(\pi-0)=f(\pi)$$

(图 11). 因此当 $x=-\pi$ 和 $x=\pi$ 时, 级数收敛到

$$\left.\begin{array}{c}\dfrac{f(-\pi+0)+f(-\pi-0)}{2}\\[2mm]\dfrac{f(\pi+0)+f(\pi-0)}{2}\end{array}\right\}=\dfrac{f(-\pi+0)+f(\pi)}{2}$$

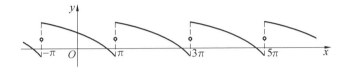

图 11

这样一来, 对于在区间 $[-\pi,\pi]$ 确定, 而当 $x=-\pi$ 和 $x=\pi$ 时连续的函数 $f(x)$ 来讲: 当 $f(-\pi)=f(\pi)$ 时, 傅里叶级数在这些点处, 和在函数其他连续点处一样, 收敛到函数本身; 但若 $f(-\pi)\neq f(\pi)$, 当 $x=-\pi$ 和 $x=\pi$ 时, 级数显然不能收敛到 $f(x)$. 因此在后一种情况下, 提出将 $f(x)$ 展成傅里叶级数的问题, 不能在 $-\pi\leqslant x\leqslant\pi$ 有意义, 而只在 $-\pi<x<\pi$ 有意义.

对于在区间 $[a,a+2\pi]$ 给出的函数, 其中 a 是任意数, 它的傅里叶级数可以进行同样的讨论.

可是, 当读者去解每一个具体问题时, 要是作出函数的周期延续的图形 (建议读者都这样做), 并回想着上面所讲的准则, 那么关于傅里叶级数在区间端点处的性能就立即了然了.

§11　奇函数和偶函数

设 $f(x)$ 在全部 Ox 轴上, 或在某区间上给出, 关于坐标原点成对称.

如果对于每个 x 都有

$$f(-x)=f(x)$$

我们就说 $f(x)$ 是偶函数. 由这个定义可知, 一切偶函数 $y=f(x)$ 的图形, 关于 Oy 轴成对称 (图 12(a)). 把积分解释为面积, 就知道当函数为偶函数时, 对于任意的 l (只要 $f(x)$ 在区间 $[-l,l]$ 有定义和可积), 有

$$\int_{-l}^{l} f(x)\,\mathrm{d}x = 2\int_{0}^{l} f(x)\,\mathrm{d}x \tag{11.1}$$

如果对于每个 x 都有

$$f(-x) = -f(x)$$

我们说 $f(x)$ 是奇函数.特别说来,对于奇函数有

$$f(-0) = -f(0)$$

因此 $f(0)=0$.所有奇函数 $y=f(x)$ 的图形都关于点 O 成对称(参看图 12(b)).当函数为奇函数时,对于任意的 l(只要 $f(x)$ 在区间 $[-l,l]$ 有定义和可积),有

$$\int_{-l}^{l} f(x)\,\mathrm{d}x = 0 \tag{11.2}$$

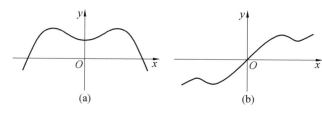

(a)　　　　　　　　(b)

图 12

由奇函数和偶函数的定义,不难知道:

(1) 两个奇函数或两个偶函数的乘积是偶函数;

(2) 奇函数和偶函数的乘积是奇函数.

实际上,如果 $\varphi(x)$ 和 $\psi(x)$ 是偶函数,那么对于 $f(x)=\varphi(x)\psi(x)$,我们有

$$f(-x) = \varphi(-x)\psi(-x) = \varphi(x)\psi(x) = f(x)$$

若 $\varphi(x)$ 和 $\psi(x)$ 是奇函数,则

$$f(-x) = \varphi(-x)\psi(-x) = [-\varphi(x)][-\psi(x)]$$
$$= \varphi(x)\psi(x) = f(x)$$

于是性质(1)就证明了.

设 $\varphi(x)$ 是偶函数,$\psi(x)$ 是奇函数.那么

$$f(-x) = \varphi(-x)\psi(-x) = \varphi(x)[-\psi(x)]$$
$$= -\varphi(x)\psi(x) = -f(x)$$

于是性质(2)也证明了.

§12　余弦级数和正弦级数

设 $f(x)$ 是偶函数,在区间 $[-\pi,\pi]$ 上给出(或是偶的周期函数).

$\cos nx\,(n=0,1,2,\cdots)$ 显然是偶函数,于是由 §11 的性质(1)可知函数 $f(x)\cos nx$ 是偶的. 函数 $\sin nx\,(n=1,2,\cdots)$ 是奇的,因此由 §11 的性质(2)可知函数 $f(x)\sin nx$ 是奇的.

于是由式(6.5)(11.1)(11.2),可以得到偶函数 $f(x)$ 的傅里叶系数

$$\begin{cases} a_n = \dfrac{1}{\pi}\displaystyle\int_{-\pi}^{\pi} f(x)\cos nx\,\mathrm{d}x \\[2mm] \quad = \dfrac{2}{\pi}\displaystyle\int_{0}^{\pi} f(x)\cos nx\,\mathrm{d}x \quad (n=0,1,2,\cdots) \\[2mm] b_n = \dfrac{1}{\pi}\displaystyle\int_{-\pi}^{\pi} f(x)\sin nx\,\mathrm{d}x = 0 \quad (n=1,2,\cdots) \end{cases} \tag{12.1}$$

所以偶函数的傅里叶级数只包含余弦,即

$$f(x) \sim \frac{a_0}{2} + \sum_{n=1}^{\infty} a_n\cos nx$$

同时系数 a_n 按公式(12.1)来计算.

现在设 $f(x)$ 是奇函数,在区间 $[-\pi,\pi]$ 上给出(或是奇的周期函数). $\cos nx\,(n=0,1,2,\cdots)$ 是偶函数. 因此由 §11 的性质(2)可知函数 $f(x)\cos nx$ 是奇的. 又因为函数 $\sin nx\,(n=1,2,\cdots)$ 是奇的,所以由 §11 的性质(1)可知函数 $f(x)\sin nx$ 是偶的.

于是由式(6.5)(11.1)(11.2)求得奇函数 $f(x)$ 的傅里叶系数

$$\begin{cases} a_n = \dfrac{1}{\pi}\displaystyle\int_{-\pi}^{\pi} f(x)\cos nx\,\mathrm{d}x = 0 \quad (n=0,1,2,\cdots) \\[2mm] b_n = \dfrac{1}{\pi}\displaystyle\int_{-\pi}^{\pi} f(x)\sin nx\,\mathrm{d}x \\[2mm] \quad = \dfrac{2}{\pi}\displaystyle\int_{0}^{\pi} f(x)\sin nx\,\mathrm{d}x \quad (n=1,2,\cdots) \end{cases} \tag{12.2}$$

于是奇函数的傅里叶级数只含正弦,即

$$f(x) \sim \sum_{n=1}^{\infty} b_n\sin nx$$

其中 b_n 按公式(12.2)来计算. 既然奇函数的傅里叶级数只包含正弦,所以当 $x=$

$-\pi, x=0, x=\pi$(一般说来,$x=k\pi$)时,不管在这些点处 $f(x)$ 的值是什么,显然级数总是收敛到零的.

把一个在区间 $[0,\pi]$ 给出的,而且在其上绝对可积的函数 $f(x)$,展成余弦级数或正弦级数的问题,是经常要遇到的.

我们可以用下述方法讨论,怎样把 $f(x)$ 展成余弦级数. 把 $f(x)$ 由区间 $[0,\pi]$ 用偶的方式延续到区间 $[-\pi,0]$ 上(图 13(a)). 于是对于函数的偶式"延续",所有前面的讨论都是正确的,因此傅里叶系数可以由公式

$$a_n = \frac{2}{\pi}\int_0^\pi f(x)\cos nx\,\mathrm{d}x \quad (n=0,1,2,\cdots)$$

$$b_n = 0 \quad (n=1,2,\cdots) \tag{12.3}$$

算出. 在这些公式里,$f(x)$ 的值只在 $[0,\pi]$ 上确定. 因此在实际计算上,事实上可以无须实施所说的偶式延续的.

如果我们要把 $f(x)$ 展成正弦级数,我们便把它由区间 $[0,\pi]$ 用奇的方式延续到区间 $[-\pi,0]$ 上(图 13(b)). 同时按照奇函数的意义,便应取 $f(0)=0$. 上面的结论也可以用到函数的奇式"延续"上,因此对于傅里叶系数,下面公式成立

$$a_0 = 0, a_n = 0$$

$$b_n = \frac{2}{\pi}\int_0^\pi f(x)\sin nx\,\mathrm{d}x \quad (n=1,2,\cdots) \tag{12.4}$$

由于这里 $f(x)$ 有在 $[0,\pi]$ 上的值出现,因此,像在余弦级数的情形一样,函数 $f(x)$ 由区间 $[0,\pi]$ 在区间 $[-\pi,0]$ 上的延续,实际上可以无须实施的.

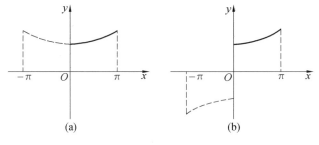

图 13

不过,使用 §10 中的收敛准则时,要想避免错误,函数 $f(x)$ 和它在区间 $[-\pi,0]$ 上偶式或奇式延续的一个草图,还是必要的,并且还要后者在 Ox 轴上的周期延续(周期是 2π)的一个草图. 这个草图帮助我们分析延续后的函数的特性,这对于运用上述的准则是必需的.

§13　展成傅里叶级数的例子

例 1　$f(x) = x^2$，当 $-\pi \leqslant x \leqslant \pi$ 时，$f(x)$ 是偶函数. 图 14 显示 $f(x)$ 和它的周期延续的图形. 延续了的函数是连续且逐段滑溜的.

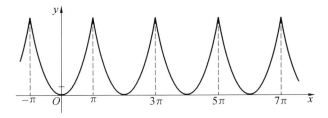

图 14

因此由 §10 的准则可知，傅里叶级数在 $[-\pi, \pi]$ 处处收敛到 $f(x) = x^2$，而在 $[-\pi, \pi]$ 之外收敛到这个函数的周期延续. 此时的收敛性是绝对的而且均匀的. 计算一下便得

$$a_0 = \frac{2}{\pi} \int_0^\pi x^2 \, \mathrm{d}x = \frac{2}{\pi} \left[\frac{x^3}{3} \right]_{x=0}^{x=\pi} = \frac{2\pi^2}{3}$$

用分部积分法还可求出

$$a_n = \frac{2}{\pi} \int_0^\pi x^2 \cos nx \, \mathrm{d}x = -\frac{4}{\pi n} \int_0^\pi x \sin nx \, \mathrm{d}x$$

$$= \frac{4}{\pi n^2} [x \cos nx]_{x=0}^{x=\pi} - \frac{4}{\pi n^2} \int_0^\pi \cos nx \, \mathrm{d}x$$

$$= \frac{4}{n^2} \cos n\pi = (-1)^n \frac{4}{n^2}$$

$b_n = 0 \, (n = 1, 2, \cdots)$，因为 $f(x)$ 是偶的，所以当 $-\pi \leqslant x \leqslant \pi$ 时

$$x^2 = \frac{\pi^2}{3} - 4 \left(\cos x - \frac{\cos 2x}{2^2} + \frac{\cos 3x}{3^2} - \cdots \right) \tag{13.1}$$

例 2　$f(x) = |x|$，当 $-\pi \leqslant x \leqslant \pi$ 时，$f(x)$ 是偶函数. 图 15 显示它和它的周期延续的图形. 周期延续之后的函数是连续并且逐段滑溜的. 应用 §10 的准则. 因此傅里叶级数在 $[-\pi, \pi]$ 处处收敛到 $f(x) = |x|$，而在这个区间之外收敛到它的周期延续. 收敛性是绝对的和均匀的.

因为当 $x > 0$ 时，$|x| = x$，所以

$$a_0 = \frac{2}{\pi} \int_0^\pi x \, \mathrm{d}x = \frac{2}{\pi} \left[\frac{x^2}{2} \right]_{x=0}^{x=\pi} = \pi$$

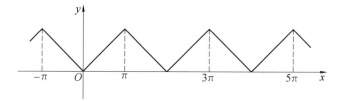

图 15

$$a_n = \frac{2}{\pi} \int_0^\pi x \cos nx \, dx = -\frac{2}{\pi n} \int_0^\pi \sin nx \, dx$$

$$= \frac{2}{\pi n^2} \big[\cos nx \big]_{x=0}^{x=\pi} = \frac{2}{\pi n^2} \big[\cos n\pi - 1 \big]$$

$$= \frac{2}{\pi n^2} \big[(-1)^n - 1 \big]$$

由此可知,当 n 是偶数时,$a_n = 0$;当 n 是奇数时,$a_n = -\dfrac{4}{\pi n^2}$.

最后,$b_n = 0 (n=1,2,\cdots)$,因为 $f(x)$ 是偶的. 于是,当 $-\pi \leqslant x \leqslant \pi$ 时

$$| x | = \frac{\pi}{2} - \frac{4}{\pi} \left(\cos x + \frac{\cos 3x}{3^2} + \frac{\cos 5x}{5^2} + \cdots \right) \tag{13.2}$$

例 3　$f(x) = |\sin x|$. 这个函数对于一切 x 都有定义,而且是连续逐段滑溜的偶函数. 图 16 显示它的图形. 应用 §10 的准则,便知函数 $f(x) = |\sin x|$ 和它的傅里叶级数处处相等,而后者是绝对收敛而又均匀收敛的.

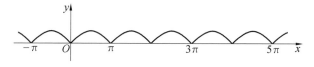

图 16

因为当 $0 \leqslant x \leqslant \pi$ 时,$|\sin x| = \sin x$,所以

$$a_0 = \frac{2}{\pi} \int_0^\pi \sin x \, dx = \frac{4}{\pi}$$

又当 $n \neq 1$ 时,有

$$a_n = \frac{2}{\pi} \int_0^\pi \sin x \cos nx \, dx$$

$$= \frac{1}{\pi} \int_0^\pi \big[\sin(n+1)x - \sin(n-1)x \big] dx$$

$$= -\frac{1}{\pi} \left[\frac{\cos(n+1)x}{n+1} - \frac{\cos(n-1)x}{n-1} \right]_{x=0}^{x=\pi}$$

$$= -\frac{1}{\pi}\left[\frac{(-1)^{n+1}-1}{n+1} - \frac{(-1)^{n-1}-1}{n-1}\right]$$

$$= -2\,\frac{(-1)^n+1}{\pi(n^2-1)}$$

当 $n=1$ 时,则有

$$a_1 = \frac{2}{\pi}\int_0^\pi \sin x\cos x\,\mathrm{d}x = \frac{1}{\pi}\int_0^\pi \sin 2x\,\mathrm{d}x = 0$$

又因 $f(x)$ 是偶函数,故 $b_n=0(n=1,2,\cdots)$.

这样一来,对于一切 x,有

$$|\sin x| = \frac{2}{\pi} - \frac{4}{\pi}\left(\frac{\cos 2x}{3} + \frac{\cos 4x}{15} + \frac{\cos 6x}{35} + \cdots\right)$$

例 4　$f(x)=x$,当 $-\pi<x<\pi$ 时,$f(x)$ 是奇函数.图 17 显示它和它的周期延续的图形.延续了的函数是逐段滑溜的,而且在形如 $x=(2k+1)\pi(k=0,\pm1,\pm2,\cdots)$ 的点处是不连续的.应用 §10 的准则,可知傅里叶级数在间断点处收敛到零.

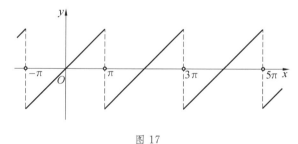

图 17

由于 $f(x)$ 是奇的,故有

$$a_n = 0\quad (n=0,1,2,\cdots)$$

$$b_n = \frac{2}{\pi}\int_0^\pi x\sin nx\,\mathrm{d}x$$

$$= -\frac{2}{\pi n}\big[x\cos nx\big]_{x=0}^{x=\pi} + \frac{2}{\pi n}\int_0^\pi \cos nx\,\mathrm{d}x$$

$$= -\frac{2}{n}\cos n\pi = \frac{2}{n}(-1)^{n+1}$$

因此,当 $-\pi<x<\pi$ 时

$$x = 2\left(\sin x - \frac{\sin 2x}{2} + \frac{\sin 3x}{3} - \cdots\right) \tag{13.3}$$

例 5　把 $f(x)=1(0<x<\pi)$ 展成正弦级数.$f(x)$ 在区间 $[-\pi,0]$ 上的偶式

延续当 $x=0$ 时产生间断. 图 18 显示 $f(x)$ 和它在 $[-\pi,0]$ 上的偶式延续,以及接着所作在全部 Ox 轴上的周期延续的图形. 把 §10 的准则应用到函数的这种"延续"上,便知傅里叶级数当 $0<x<\pi$ 时收敛到 $f(x)=1$,在这个区间以外收敛到图 18 所示的函数,并且在形如 $x=k\pi(k=0,\pm1,\pm2,\cdots)$ 的点处级数的和等于零.

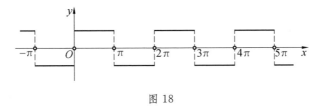

图 18

又

$$a_n=0 \quad (n=0,1,2,\cdots)$$

$$b_n=\frac{2}{\pi}\int_0^\pi \sin nx\,\mathrm{d}x=\frac{2}{\pi n}\big[-\cos nx\big]_{x=0}^{x=\pi}$$

$$=\frac{2}{\pi n}\big[1-(-1)^n\big]$$

于是,当 $0<x<\pi$ 时

$$1=\frac{4}{\pi}\left(\sin x+\frac{\sin 3x}{3}+\frac{\sin 5x}{5}+\cdots\right) \tag{13.4}$$

例 6 把函数 $f(x)=0,0<x<2\pi$,展成傅里叶级数. 这个问题的外表好像例 4,不过要是作出 $f(x)$ 的周期延续的图形,我们立刻看到它们之间的区别(图 19). 应用 §10 的准则到函数的延续上. 在间断点处级数收敛到左右极限的算术均值,即收敛到 π. 函数 $f(x)$ 不是偶函数或奇函数

$$a_0=\frac{1}{\pi}\int_0^{2\pi}x\,\mathrm{d}x=\frac{1}{\pi}\left[\frac{x^2}{2}\right]_{x=0}^{x=2\pi}=2\pi$$

$$a_n=\frac{1}{\pi}\int_0^{2\pi}x\cos nx\,\mathrm{d}x$$

$$=\frac{1}{\pi n}\big[x\sin nx\big]_{x=0}^{x=2\pi}-\frac{1}{\pi n}\int_0^{2\pi}\sin nx\,\mathrm{d}x=0 \quad (n=1,2,\cdots)$$

$$b_n=\frac{1}{\pi}\int_0^{2\pi}\sin nx\,\mathrm{d}x$$

$$=-\frac{1}{\pi n}\big[x\cos nx\big]_{x=0}^{x=2\pi}+\frac{1}{\pi n}\int_0^{2\pi}\cos nx\,\mathrm{d}x$$

$$=-\frac{2}{n}$$

因此,当 $0 < x < 2\pi$ 时

$$x = \pi - 2\left(\sin x + \frac{\sin 2x}{2} + \frac{\sin 3x}{3} + \cdots\right) \tag{13.5}$$

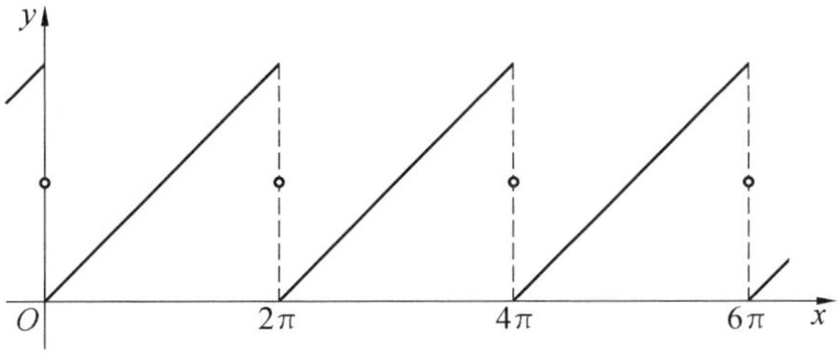

图 19

例 7　把函数 $f(x) = x^2, 0 < x < 2\pi$,展成傅里叶级数.这个问题好像例1,但是函数周期延续的图形立刻曾指出它们的差别来(图20).应用 §10 的准则到函数的延续上.在间断点处级数收敛到左右极限的算术均值,即收敛到 $2\pi^2$.函数 $f(x)$ 不是偶函数或奇函数

$$a_0 = \frac{1}{\pi}\int_0^{2\pi} x^2 \,\mathrm{d}x = \frac{1}{\pi}\left[\frac{x^3}{3}\right]_{x=0}^{x=2\pi} = \frac{8\pi^2}{3}$$

$$a_n = \frac{1}{\pi}\int_0^{2\pi} x^2\cos nx \,\mathrm{d}x = -\frac{2}{\pi n}\int_0^{2\pi} x\sin nx \,\mathrm{d}x$$

$$= \frac{1}{\pi n^2}\left[x\cos nx\right]_{x=0}^{x=2\pi} - \frac{2}{\pi n^2}\int_0^{2\pi}\cos nx = \frac{4}{n^2}$$

$$b_n = \frac{1}{\pi}\int_0^{2\pi} x^2\sin nx \,\mathrm{d}x$$

$$= -\frac{1}{\pi n}\left[x^2\cos nx\right]_{x=0}^{x=2\pi} + \frac{2}{\pi n}\int_0^{2\pi} x\cos nx \,\mathrm{d}x$$

$$= -\frac{4\pi}{n} - \frac{2}{\pi n^2}\int_0^{2\pi}\sin nx \,\mathrm{d}x = -\frac{4\pi}{n}$$

因此,当 $0 < x < 2\pi$ 时

$$x^2 = \frac{4\pi^2}{3} + 4\left(\cos x - \pi\sin x + \frac{\cos 2x}{2^2} - \frac{\pi\sin 2x}{2} + \cdots + \right.$$

$$\left. \frac{\cos nx}{n^2} - \frac{\pi\sin nx}{n} + \cdots\right)$$

$$= \frac{4\pi^2}{3} + 4\sum_{n=1}^{\infty}\left(\frac{\cos nx}{n^2} - \frac{\pi\sin nx}{n}\right)$$

$$= \frac{4\pi^2}{3} + 4\sum_{n=1}^{\infty}\frac{\cos nx}{n^2} - 4\pi\sum_{n=1}^{\infty}\frac{\sin nx}{n} \tag{13.6}$$

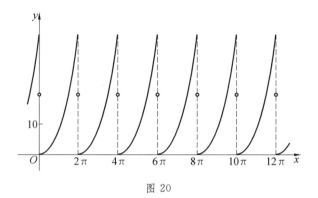

图 20

例 8　展开函数 $f(x) = Ax^2 + Bx + C$，$-\pi < x < \pi$ 为傅里叶级数，其中，A，B，C 是常数. $f(x)$ 的图形是抛物线. 由于周期延续的结果，可以得到连续的或是不连续的函数，要看怎样选择 A，B，C 的值来决定. 图 21 显示对于 A，B，C 某些固定值的周期延续. 我们可以由相应的公式计算傅里叶系数，但是在这里不必这样做，因为我们可以利用函数 x^2 和 $x(-\pi < x < \pi)$ 已经知道的展式(例 1 和例 4). 这就给出：当 $-\pi < x < \pi$ 时

$$Ax^2 + Bx + C = \frac{A\pi^2}{3} + C + 4A \sum_{n=1}^{\infty} (-1)^n \frac{\cos nx}{n^2} -$$

$$2B \sum_{n=1}^{\infty} (-1)^n \frac{\sin nx}{n}$$

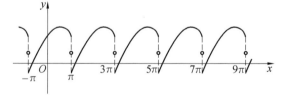

图 21

例 9　展开函数 $f(x) = Ax^2 + Bx + C$，$0 < x < 2\pi$. 图 22 表示 $f(x)$ 的周期延续(对于某些个选择好的常数 A，B，C). 利用函数 x^2 和 $x(0 < x < 2\pi)$ 已知的展式(例 6 和例 7)，我们得到，当 $0 < x < 2\pi$ 时

$$Ax^2 + Bx + C = \frac{4A\pi^2}{3} + B\pi + C + 4A \sum_{n=1}^{\infty} \frac{\cos nx}{n^2} -$$

$$(4\pi A - 2B) \sum_{n=1}^{\infty} \frac{\sin nx}{n}$$

由以上各例可以求出某些重要的三数的和的数值. 由式(13.5)立刻知道，当

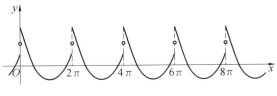

图 22

$0 < x < 2\pi$ 时,有

$$\sum_{n=1}^{\infty} \frac{\sin nx}{n} = \frac{\pi - x}{2} \tag{13.7}$$

由式(13.5)和(13.6)化出:当 $0 < x < 2\pi$ 时

$$\sum_{n=1}^{\infty} \frac{\cos nx}{n^2} = \frac{3x^2 - 6\pi x + 2\pi^2}{12} \tag{13.8}$$

因为左边的级数通项的绝对值不超过 $\frac{1}{n^2}$,所以级数是均匀收敛的,这就是说它的和对于一切 x 是连续的(参看 §4).因此等式(13.8)不但对于 $0 < x < 2\pi$,而且对于 $0 \leqslant x \leqslant 2\pi$ 是成立的.

由式(13.3)求得,当 $-\pi < x < \pi$ 时

$$\sum_{n=1}^{\infty} (-1)^{n+1} \frac{\sin nx}{n} = \frac{x}{2} \tag{13.9}$$

由式(13.1)求得,当 $-\pi \leqslant x \leqslant \pi$ 时

$$\sum_{n=1}^{\infty} (-1)^{n+1} \frac{\cos nx}{n^2} = \frac{\pi^2 - 3x^2}{12} \tag{13.10}$$

由式(13.4)求得,当 $0 < x < \pi$ 时

$$\sum_{n=0}^{\infty} \frac{\sin(2n+1)x}{2n+1} = \frac{\pi}{4} \tag{13.11}$$

由式(13.2)求得,当 $0 \leqslant x \leqslant \pi$ 时

$$\sum_{n=0}^{\infty} \frac{\cos(2n+1)x}{(2n+1)^2} = \frac{\pi^2 - 2\pi x}{8} \tag{13.12}$$

由等式(13.7)减去等式(13.11)后得出,当 $0 < x < \pi$ 时

$$\sum_{n=1}^{\infty} \frac{\sin 2nx}{2n} = \frac{\pi - 2x}{4} \tag{13.13}$$

而由等式(13.8)与(13.12)相减的结果得出,当 $0 \leqslant x \leqslant \pi$ 时

$$\sum_{n=1}^{\infty} \frac{\cos 2nx}{(2n)^2} = \frac{6x^2 - 6\pi x + \pi^2}{24} \tag{13.14}$$

从已经建立了的等式,又可得到一些数项级数和的表示.

如是,当 $x=0$ 时,由式(13.8)和(13.10)得到

$$\frac{\pi^2}{6}=1+\frac{1}{2^2}+\frac{1}{3^2}+\frac{1}{4^2}+\cdots$$

$$\frac{\pi^2}{12}=1-\frac{1}{2^2}+\frac{1}{3^2}-\frac{1}{4^2}+\cdots$$

当 $x=\frac{\pi}{2}$ 时,等式(13.11)给出了

$$\frac{\pi}{4}=1-\frac{1}{3}+\frac{1}{5}-\frac{1}{7}+\cdots$$

§14　　傅里叶级数的复数形式

设函数 $f(x)$ 在区间 $[-\pi,\pi]$ 上可积,我们作出它的傅里叶级数

$$f(x)\sim\frac{a_0}{2}+\sum_{n=1}^{\infty}(a_n\cos nx+b_n\sin nx) \tag{14.1}$$

$$\begin{cases} a_n=\dfrac{1}{\pi}\displaystyle\int_{-\pi}^{\pi}f(x)\cos nx\,\mathrm{d}x & (n=0,1,2,\cdots) \\[2mm] b_n=\dfrac{1}{\pi}\displaystyle\int_{-\pi}^{\pi}f(x)\sin nx\,\mathrm{d}x & (n=1,2,\cdots) \end{cases} \tag{14.2}$$

利用已知的欧拉恒等式

$$\mathrm{e}^{\mathrm{i}\varphi}=\cos\varphi+\mathrm{i}\sin\varphi$$

它是联系三角函数和指数函数的.

由这个恒等式不难得到

$$\cos\varphi=\frac{\mathrm{e}^{\mathrm{i}\varphi}+\mathrm{e}^{-\mathrm{i}\varphi}}{2},\sin\varphi=\frac{\mathrm{e}^{\mathrm{i}\varphi}-\mathrm{e}^{-\mathrm{i}\varphi}}{2\mathrm{i}}$$

因此我们可以写出

$$\cos nx=\frac{\mathrm{e}^{\mathrm{i}nx}+\mathrm{e}^{-\mathrm{i}nx}}{2}$$

$$\sin nx=\frac{\mathrm{e}^{\mathrm{i}nx}-\mathrm{e}^{-\mathrm{i}nx}}{2\mathrm{i}}=\mathrm{i}\frac{-\mathrm{e}^{\mathrm{i}nx}+\mathrm{e}^{-\mathrm{i}nx}}{2}$$

代入式(14.1)得

$$f(x)\sim\frac{a_0}{2}+\sum_{n=1}^{\infty}\left(\frac{a_n-\mathrm{i}b_n}{2}\mathrm{e}^{\mathrm{i}nx}+\frac{a_n+\mathrm{i}b_n}{2}\mathrm{e}^{-\mathrm{i}nx}\right) \tag{14.3}$$

若设

$$c_0 = \frac{a_0}{2}, c_n = \frac{a_n - \mathrm{i}b_n}{2}, c_{-n} = \frac{a_n + \mathrm{i}b_n}{2} \quad (n = 1, 2, \cdots) \tag{14.4}$$

则级数 (14.3) 的，也就是级数 (14.1) 的第 m 部分和可以写成

$$s_m(x) = c_0 + \sum_{n=1}^{m} (c_n \mathrm{e}^{\mathrm{i}nx} + c_{-n} \mathrm{e}^{-\mathrm{i}nx}) = \sum_{n=-m}^{m} c_n \mathrm{e}^{\mathrm{i}nx} \tag{14.5}$$

因此就可以写出

$$f(x) \sim \sum_{n=-\infty}^{+\infty} c_n \mathrm{e}^{\mathrm{i}nx} \tag{14.6}$$

这是 $f(x)$ 的傅里叶级数的复数形状. 级数 (14.6) 收敛的意义，必须了解为：当 $m \to \infty$ 时，式 (14.5) 的对称和的极限存在.

公式 (14.4) 所定的系数 c_n 叫作函数 $f(x)$ 的复数傅里叶系数. 对于这些系数，关系式

$$c_n = \frac{1}{2\pi} \int_{-\pi}^{\pi} f(x) \mathrm{e}^{-\mathrm{i}nx} \,\mathrm{d}x \quad (n = 0, \pm 1, \pm 2, \cdots) \tag{14.7}$$

是成立的.

实际上，由欧拉恒等式和公式 (14.4) 可知，对于正的指标有

$$\frac{1}{2\pi} \int_{-\pi}^{\pi} f(x) \mathrm{e}^{-\mathrm{i}nx} \,\mathrm{d}x$$

$$= \frac{1}{2\pi} \left[\int_{-\pi}^{\pi} f(x) \cos nx \,\mathrm{d}x - \mathrm{i} \int_{-\pi}^{\pi} f(x) \sin nx \,\mathrm{d}x \right]$$

$$= \frac{1}{2} (a_n - \mathrm{i}b_n) = c_n$$

而对于负的指标有

$$\frac{1}{2\pi} \int_{-\pi}^{\pi} f(x) \mathrm{e}^{\mathrm{i}nx} \,\mathrm{d}x$$

$$= \frac{1}{2\pi} \left[\int_{-\pi}^{\pi} f(x) \cos nx \,\mathrm{d}x + \mathrm{i} \int_{-\pi}^{\pi} f(x) \sin nx \,\mathrm{d}x \right]$$

$$= \frac{1}{2} (a_n + \mathrm{i}b_n) = c_{-n}$$

值得注意：对于实函数 $f(x)$，系数 c_n 和 c_{-n} 是共轭复数. 这由式 (14.4) 就立刻可以知道.

顺便注意，如果在级数 (14.6) 那里，假定把"～"号换成"="号，并假定逐项积分是可以做的，那么公式 (14.7) 就能像公式 (14.2) 一样立刻可以得到（参看 §6）. 实际上，将等式

$$f(x) = \sum_{k=-\infty}^{+\infty} c_k \mathrm{e}^{ikx}$$

两边乘上 e^{-inx}，并且在 $[-\pi, \pi]$ 上积分（在右边是逐项积分），便求得

$$\int_{-\pi}^{\pi} f(x) \mathrm{e}^{-inx} \mathrm{d}x = 2\pi c_n \tag{14.8}$$

这是因为，当 $k \neq n$ 时（参看 §5）

$$c_k = \int_{-\pi}^{\pi} \mathrm{e}^{i(k-n)x} \mathrm{d}x$$

$$= \int_{-\pi}^{\pi} [\cos(k-n)x + i\sin(k-n)x] \mathrm{d}x = 0$$

即右边各个积分，除了 $k=n$ 外，都等于零，而当 $k=n$ 时则成 $2\pi c_n$。公式（14.7）便立即由式（14.8）得到。

§15   周期是 $2l$ 的函数

如果要把周期是 $2l$ 的函数 $f(x)$ 展成三角级数，就可以设 $x = \dfrac{lt}{\pi}$ 而得以 2π 为周期的函数 $\varphi(t) = f\left(\dfrac{lt}{\pi}\right)$（参看 §3）。对于 $\varphi(t)$，我们可以作傅里叶级数

$$\varphi(t) \sim \frac{a_0}{2} + \sum_{n=1}^{\infty} (a_n \cos nt + b_n \sin nt) \tag{15.1}$$

其中

$$a_n = \frac{1}{\pi} \int_{-\pi}^{\pi} \varphi(t) \cos nt \, \mathrm{d}t = \frac{1}{\pi} \int_{-\pi}^{\pi} f\left(\frac{lt}{\pi}\right) \cos nt \, \mathrm{d}t \quad (n=0,1,2,\cdots)$$

$$b_n = \frac{1}{\pi} \int_{-\pi}^{\pi} \varphi(t) \sin nt \, \mathrm{d}t = \frac{1}{\pi} \int_{-\pi}^{\pi} f\left(\frac{lt}{\pi}\right) \sin nt \, \mathrm{d}t \quad (n=1,2,\cdots)$$

改回到旧的变量 x，即命 $t = \dfrac{\pi x}{l}$，便得

$$f(x) \sim \frac{a_0}{2} + \sum_{n=1}^{\infty} \left(a_n \cos \frac{\pi n x}{l} + b_n \sin \frac{\pi n x}{l}\right) \tag{15.2}$$

其中

$$\begin{cases} a_n = \dfrac{1}{l} \int_{-l}^{l} f(x) \cos \dfrac{\pi n x}{l} \mathrm{d}x \quad (n=0,1,2,\cdots) \\[3mm] b_n = \dfrac{1}{l} \int_{-l}^{l} f(x) \sin \dfrac{\pi n x}{l} \mathrm{d}x \quad (n=1,2,\cdots) \end{cases} \tag{15.3}$$

这里的系数(15.3)叫作 $f(x)$ 的傅里叶系数,而级数(15.2)叫作 $f(x)$ 的傅里叶级数.

如果(15.1)成为等式,那么(15.2)也变为等式,反过来也对.

形如(15.2)的级数的理论,可以直接由形如

$$1, \cos\frac{\pi x}{l}, \sin\frac{\pi x}{l}, \cdots, \cos\frac{\pi n x}{l}, \sin\frac{\pi n x}{l}, \cdots \tag{15.4}$$

的函数系出发来建立,就像我们对于基本三角函数系(15.1)所做的一样.系(15.4)是由具有共同周期 $2l$ 的函数构成的,不难验证,在一切长度为 $2l$ 的区间上,它是正交的.§6,§7,§10,§12,§14 的推演,可以照样地用到系(15.4)上面来,于是获得类似于这些节里所得到的结果(把 π 换成 l).

也可获得下列结果,对于周期是 $2l$ 的函数 $f(x)$ 的考察,可以换为对于只在区间 $[-l, l]$ 上给出的函数的考察(或考察在长度是 $2l$ 的任意一个区间上给出的函数,不过这时要把系数(15.3)中的积分限相应地改换一下),并且这样函数的傅里叶级数和它在 Ox 轴上的周期延续的傅里叶级数是一样的.把周期 2π 换成周期 $2l$ 后,§10 的收敛准则仍然有效.

在偶函数 $f(x)$ 的情形,系数(15.3)采取

$$a_n = \frac{2}{l}\int_0^l f(x)\cos\frac{\pi n x}{l}\mathrm{d}x \quad (n=0,1,2,\cdots)$$
$$b_n = 0 \quad (n=1,2,\cdots) \tag{15.5}$$

的形式,而在奇函数 $f(x)$ 的情形,则采取

$$a_n = 0 \quad (n=0,1,2,\cdots)$$
$$b_n = \frac{2}{l}\int_0^l f(x)\sin\frac{\pi n x}{l}\mathrm{d}x \quad (n=1,2,\cdots) \tag{15.6}$$

的形式.

像在 §12 中一样,可以利用这个结果去把只在区间 $[0, l]$ 上给出的函数展成余弦或正弦级数(要分别地用函数在区间 $[-l, 0]$ 上的偶式延续或是奇式延续).

级数(15.2)的复数形式可以写成

$$f(x) \sim \sum_{n=-\infty}^{+\infty} c_n \mathrm{e}^{-\frac{\mathrm{i}\pi n x}{l}}$$

其中

$$c_n = \frac{1}{2l}\int_{-l}^l f(x)\mathrm{e}^{-\frac{\mathrm{i}\pi n x}{l}}\mathrm{d}x$$
$$(n=0, \pm1, \pm2, \cdots)$$

或

$$c_0 = \frac{a_0}{2}, c_n = \frac{a_n - \mathrm{i}b_n}{2}, c_{-n} = \frac{a_n + \mathrm{i}b_n}{2} \quad (n = 1, 2, \cdots)$$

例 1 展开由等式

$$f(x) = \begin{cases} \cos \dfrac{\pi x}{l}, & \text{当 } 0 \leqslant x \leqslant \dfrac{l}{2} \\[2mm] 0, & \text{当 } \dfrac{l}{2} < x < l \end{cases}$$

确定的函数 $f(x)$ 为余弦级数.

$f(x)$ 和它在区间 $[-l, 0]$ 上的偶式延续，以及跟随着的周期延续（周期为 $2l$）——它们的图形显示在图 23 上.

图 23

收敛准则显然是处处可以应用的. 当 $\dfrac{l}{2} < x \leqslant l$ 时，$f(x) = 0$，所以

$$a_0 = \frac{2}{l} \int_0^l f(x) \,\mathrm{d}x = \frac{2}{l} \int_0^{\frac{1}{2}} \cos \frac{\pi x}{l} \,\mathrm{d}x = \frac{2}{\pi}$$

$$a_n = \frac{2}{l} \int_0^l f(x) \cos \frac{\pi n x}{l} \,\mathrm{d}x = \frac{2}{l} \int_0^{\frac{1}{2}} \cos \frac{\pi x}{l} \cos \frac{\pi n x}{l} \,\mathrm{d}x$$

这里用代换 $\dfrac{\pi x}{l} = t$ 是合适的. 我们得到

$$a_n = \frac{2}{\pi} \int_0^{\frac{\pi}{2}} \cos t \cos nt \,\mathrm{d}t$$

$$= \frac{1}{\pi} \int_0^{\frac{\pi}{2}} [\cos(n+1)t + \cos(n-1)t] \,\mathrm{d}t$$

由此得

$$a_1 = \frac{1}{\pi} \int_0^{\frac{\pi}{2}} (\cos 2t + 1) \,\mathrm{d}t = \frac{1}{\pi} \left[\frac{\sin 2t}{2} + t \right]_{t=0}^{t=\frac{\pi}{2}} = \frac{1}{2}$$

$$a_n = \frac{1}{\pi} \left[\frac{\sin(n+1)t}{n+1} + \frac{\sin(n-1)t}{n-1} \right]_{t=0}^{t=\frac{\pi}{2}} \quad (n > 1)$$

于是对于奇的 $n > 1$，有

$$a_n = 0$$

对于偶的 n,有

$$a_n = -\frac{2(-1)^{\frac{n}{2}}}{\pi(n^2-1)},\, b_n = 0 \quad (n=1,2,\cdots)$$

这样一来,便有

$$\frac{1}{\pi} + \frac{1}{2}\cos\frac{\pi x}{l} - \frac{2}{\pi}\sum_{n=1}^{\infty}\frac{(-1)^n}{4n^2-1}\cos\frac{2\pi nx}{l}$$

$$= \begin{cases} \cos\dfrac{\pi x}{l}, & 0 \leqslant x \leqslant \dfrac{l}{2} \\[2mm] 0, & \dfrac{l}{2} < x \leqslant l \end{cases}$$

在全部 Ox 轴上,级数收敛到图 23 所示的函数.

例 2　展开由等式

$$f(x) = \begin{cases} x, & 0 \leqslant x \leqslant \dfrac{l}{2} \\[2mm] l - x, & \dfrac{l}{2} < x \leqslant l \end{cases}$$

确定的函数 $f(x)$ 为余弦级数.

$f(x)$ 及其在线段 $[-l,0]$ 上的奇式延续的图形,以及它在全部 Ox 轴上的周期延续(以 $2l$ 为周期)的图形见图 24.

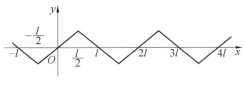

图 24

收敛准则是处处可以应用的

$$a_n = 0 \quad (n=0,1,2,\cdots)$$

$$b_n = \frac{2}{l}\int_0^l f(x)\sin\frac{\pi nx}{l}\mathrm{d}x$$

$$= \frac{2}{l}\int_0^{\frac{l}{2}} x\sin\frac{\pi nx}{l}\mathrm{d}x + \frac{2}{l}\int_{\frac{l}{2}}^l (l-x)\sin\frac{\pi nx}{l}\mathrm{d}x$$

$$(n=1,2,\cdots)$$

命 $\dfrac{\pi x}{l} = t$,则

$$b_n = \frac{2l}{\pi^2} \int_0^{\frac{\pi}{2}} t \sin nt \, dt + \frac{2l}{\pi^2} \int_{\frac{\pi}{2}}^{\pi} (\pi - t) \sin nt \, dt$$

$$= \frac{2l}{\pi^2} \left[-\frac{t \cos nt}{n} \right]_{t=0}^{t=\frac{\pi}{2}} + \frac{2l}{\pi^2 n} \int_0^{\frac{\pi}{2}} \cos nt \, dt +$$

$$\frac{2l}{\pi^2} \left[-\frac{(\pi - t) \cos nt}{n} \right]_{t=\frac{\pi}{2}}^{t=\pi} -$$

$$\frac{2l}{\pi^2 n} \int_{\frac{\pi}{2}}^{\pi} \cos nt \, dt$$

$$= \frac{4l}{\pi^2 n^2} \sin \frac{\pi n}{2}$$

所以

$$\frac{4l}{\pi^2} \left(\sin \frac{\pi x}{l} - \frac{\sin \frac{3\pi x}{l}}{3^2} + \frac{\sin \frac{5\pi x}{l}}{5^2} - \cdots \right)$$

$$= \begin{cases} x, & \text{当 } 0 \leqslant x \leqslant \frac{l}{2} \\ l - x, & \text{当 } \frac{l}{2} < x \leqslant l \end{cases}$$

在全部 Ox 轴上,级数收敛到图 24 所示的函数.

第 3 章 傅里叶三角级数的收敛性

§1 贝塞尔不等式和它的推论

对于基本三角函数系

$$1, \cos x, \sin x, \cdots, \cos nx, \sin nx, \cdots \tag{1.1}$$

我们有

$$\| 1 \| = \sqrt{\int_{-\pi}^{\pi} 1 \cdot \mathrm{d}x} = \sqrt{2\pi}$$

$$\| \cos nx \| = \sqrt{\int_{-\pi}^{\pi} \cos^2 nx \, \mathrm{d}x} = \sqrt{\pi}$$

$$(n = 1, 2, \cdots)$$

$$\| \sin nx \| = \sqrt{\int_{-\pi}^{\pi} \sin^2 nx \, \mathrm{d}x} = \sqrt{\pi}$$

$$(n = 1, 2, \cdots)$$

设 $f(x)$ 是平方可积函数,在区间 $[-\pi, \pi]$ 上给出. 应用于系 (1.1),贝塞尔 (Bessel) 不等式便具有

$$\int_{-\pi}^{\pi} f^2(x) \mathrm{d}x \geqslant \left(\frac{a_0}{2} \right)^2 \cdot \| 1 \|^2 +$$

$$\sum_{n=1}^{\infty} (a_n^2 \| \cos nx \|^2 + b_n^2 \| \sin nx \|^2)$$

的形状,或

$$\int_{-\pi}^{\pi} f^2(x) \mathrm{d}x \geqslant \left(\frac{a_0}{2} \right)^2 \cdot 2\pi + \sum_{n=1}^{\infty} (a_n^2 + b_n^2) \cdot \pi$$

由此

$$\frac{1}{\pi} \int_{-\pi}^{\pi} f^2(x) \mathrm{d}x \geqslant \frac{a_0^2}{2} + \sum_{n=1}^{\infty} (a_n^2 + b_n^2) \tag{1.2}$$

在基本三角函数系的情况,贝塞尔不等式照理正该写成这样子. 实际上等式是成立的,这以后再证明(参看第 5 章 §3). 目前只需有建立了的不等式 (1.2) 就够

了.

这个不等式本身就肯定了右边级数是收敛的,因此有下面的定理.

定理　任意平方可积函数的傅里叶系数平方所成的级数一定是收敛级数.

值得注意,对于一切其他一类的函数(即平方不可积的函数),傅里叶系数平方所成级数一定是发散的.这一点我们不证明了.

$$\S 2 \quad \textbf{三角积分} \int_a^b f(x)\cos nx\,\mathrm{d}x$$

$$\textbf{和} \int_a^b f(x)\sin nx\,\mathrm{d}x,\ \textbf{当}\ n \to \infty\ \textbf{时的极限}$$

由上述定理立刻得到,对于任意平方可积函数

$$\lim_{n\to\infty} a_n = \lim_{n\to\infty} b_n = 0 \tag{2.1}$$

(因为收敛级数的公项,当 $n \to \infty$ 时一定趋于零的).但因

$$a_n = \frac{1}{\pi}\int_{-\pi}^{\pi} f(x)\cos nx\,\mathrm{d}x$$

$$b_n = \frac{1}{\pi}\int_{-\pi}^{\pi} f(x)\sin nx\,\mathrm{d}x$$

所以

$$\lim_{n\to\infty}\int_{-\pi}^{\pi} f(x)\cos nx\,\mathrm{d}x$$

$$=\lim_{n\to\infty}\int_{-\pi}^{\pi} f(x)\sin nx\,\mathrm{d}x = 0 \tag{2.2}$$

由此可知,不管什么区间 $[a,b]$ 都有

$$\lim_{n\to\infty}\int_a^b f(x)\cos nx\,\mathrm{d}x$$

$$=\lim_{n\to\infty}\int_a^b f(x)\sin nx\,\mathrm{d}x = 0 \tag{2.3}$$

(我们暂时假定 $f(x)$ 是平方可积函数,这个要求是以后可以去掉的).

实际上,先设 $a < b \leqslant a + 2\pi$,即 $b - a \leqslant 2\pi$,并设当 $a \leqslant x \leqslant b$ 时,$g(x) = f(x)$;当 $b \leqslant x < a + 2\pi$ 时,$g(x) = 0$.函数 $g(x)$ 在区间 $[a,a+2\pi]$ 上显然是平方可积的.将它在 Ox 轴上作周期延续(周期为 2π),则由周期函数的性质,有

$$\int_a^{a+2\pi} g(x)\cos nx\,\mathrm{d}x = \int_{-\pi}^{\pi} g(x)\cos nx\,\mathrm{d}x$$

因此，根据式(2.2)

$$\lim_{n \to \infty} \int_a^{a+2\pi} g(x) \cos nx \, dx$$

$$= \lim_{n \to \infty} \int_{-\pi}^{\pi} g(x) \cos nx \, dx = 0$$

另外，由函数 $g(x)$ 的定义可知

$$\int_a^{a+2\pi} g(x) \cos nx \, dx = \int_a^b f(x) \cos nx \, dx$$

因此

$$\lim_{n \to \infty} \int_a^b f(x) \cos nx \, dx = 0$$

对于等式(2.3)中的第二个积分，讨论是一样的.

如果 $b-a > 2\pi$，那么区间 $[a,b]$ 可以分成有限个长度不超过 2π 的子区间，在每个子区间，等式(2.3)的性质已证明过了. 于是这个性质在整个区间上也是有的.

现在我们去掉 $f(x)$ 是平方可积函数的要求.

不仅如此，我们还要去掉 n 是整数的要求.

为此，我们需要两个预备定理，从几何上看来，这是很明显的.

预备定理 1　设 $f(x)$ 在区间 $[a,b]$ 上连续. 对于一切 $\varepsilon > 0$，都存在着连续而逐段滑溜的函数 $f(x)$，使得对于一切 $x(a \leqslant x \leqslant b)$，都有

$$| f(x) - g(x) | \leqslant \varepsilon \tag{2.4}$$

证　用点

$$a = x_0 < x_1 < x_2 < \cdots < x_m = b$$

把区间 $[a,b]$ 分成子区间，并且取如下的一个连续函数作为 $g(x)$

$$g(x_k) = f(x_k) \quad (k = 0, 1, 2, \cdots, m)$$

又在每一个区间 $[x_{k-1}, x_k](k = 1, 2, \cdots, m)$ 上，它是线性的. 函数 $y = g(x)$ 的图形是一折线，顶点在曲线 $y = f(x)$ 上(图1). $g(x)$ 显然是逐段滑溜的.

因为 $f(x)$ 连续，所以由 $[a,b]$ 所分出子区间可以取成这样小，使对于 $[a,b]$ 上任意的 x，式(2.4)都成立.

预备定理 2　设 $f(x)$ 在区间 $[a,b]$ 上绝对可积. 对于一切的 $\varepsilon > 0$，都存在着连续而逐段滑溜的函数 $g(x)$，使

$$\int_a^b | f(x) - g(x) | \, dx \leqslant \varepsilon \tag{2.5}$$

证　函数 $f(x)$ 只可以有有限个间断点，特别说来，只可以有有限个点，在其

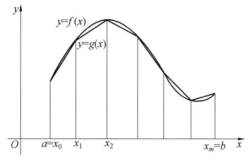

图 1

近旁函数是无界的. 我们把每一个这样的点, 包含在如此小的区间内, 使函数 $|f(x)|$ 在这些区间上的积分和不超过 $\frac{\varepsilon}{3}$.

设 $\Phi(x)$ 是一个辅助函数, 在上述各区间外等于 $f(x)$, 在这些区间内等于零. $\Phi(x)$ 是有界的, 只可以有有限个间断点, 而且显然有

$$\int_a^b |f(x) - \Phi(x)| \, \mathrm{d}x \leqslant \frac{\varepsilon}{3} \tag{2.6}$$

我们也把函数 $\Phi(x)$ 的每一个间断点, 包含在如此小的区间内, 使这些区间长度的和 l 满足条件

$$2Ml \leqslant \frac{\varepsilon}{3}$$

其中 M 是任意的一个数, 大于 $a \leqslant x \leqslant b$ 上的 $|\Phi(x)|$.

考察如下的一个函数: 它在刚才所论的那些区间外面等于 $\Phi(x)$, 在各该区间内是线性的连续函数 $F(x)$. 显然

$$\int_a^b |\Phi(x) - F(x)| \, \mathrm{d}x \leqslant 2Ml \leqslant \frac{\varepsilon}{3} \tag{2.7}$$

最后, 根据预备定理 1, 存在着逐段滑溜的连续函数 $g(x)$, 使

$$|F(x) - g(x)| \leqslant \frac{\varepsilon}{3(b-a)} \quad (a \leqslant x \leqslant b)$$

于是

$$\int_a^b |F(x) - g(x)| \, \mathrm{d}x \leqslant \frac{\varepsilon}{3} \tag{2.8}$$

由式 (2.6)(2.7)(2.8) 有

$$\int_a^b |f(x) - g(x)| \, \mathrm{d}x$$

$$= \int_a^b \mid [f(x) - \varPhi(x)] + [\varPhi(x) - F(x)] + [F(x) - g(x)] \mid \mathrm{d}x$$

$$\leqslant \int_a^b \mid f(x) - \varPhi(x) \mid \mathrm{d}x + \int_a^b \mid \varPhi(x) - F(x) \mid \mathrm{d}x + \int_a^b \mid F(x) - g(x) \mid \mathrm{d}x$$

$$\leqslant \varepsilon$$

这就是要证明的.

  附注 如果 $f(x)$ 是绝对可积的周期函数,那么 $g(x)$ 可以取成周期函数.

  定理 对于任意绝对可积函数

$$\lim_{m \to \infty} \int_a^b f(x) \cos mx \, \mathrm{d}x = \lim_{m \to \infty} \int_a^b f(x) \sin mx \, \mathrm{d}x = 0 \tag{2.9}$$

而且不必假定 m 是整数.

  证 设 ε 是任意小的正数. 根据预备定理 2,存在着连续而逐段滑溜的函数 $g(x)$,使

$$\int_a^b \mid f(x) - g(x) \mid \mathrm{d}x \leqslant \frac{\varepsilon}{2} \tag{2.10}$$

考察

$$\left| \int_a^b f(x) \cos mx \, \mathrm{d}x \right| = \left| \int_a^b [f(x) - g(x)] \cos mx \, \mathrm{d}x + \int_a^b g(x) \cos mx \, \mathrm{d}x \right|$$

$$\leqslant \int_a^b \mid f(x) - g(x) \mid \mathrm{d}x + \left| \int_a^b g(x) \cos mx \, \mathrm{d}x \right| \tag{2.11}$$

用分部积分法得

$$\int_a^b g(x) \cos mx \, \mathrm{d}x = \frac{1}{m} [g(x) \sin mx]_{x=a}^{x=b} - \frac{1}{m} \int_a^b g'(x) \sin mx \, \mathrm{d}x$$

中括号内的式子和右边的积分显然有界. 因此对于一切足够大的 m,有

$$\left| \int_a^b g(x) \cos mx \, \mathrm{d}x \right| \leqslant \frac{\varepsilon}{2} \tag{2.12}$$

  由式(2.10)(2.12)(2.11) 可知对于一切足够大的 m,有

$$\left| \int_a^b f(x) \cos mx \, \mathrm{d}x \right| \leqslant \varepsilon$$

即

$$\lim_{m \to \infty} \int_a^b f(x) \cos mx \, \mathrm{d}x = 0$$

对于式(2.9)的第二个积分,讨论是一样的. 定理证完.

  如果我们回到傅里叶系数的公式,由证得的定理便得出推论:

  任意绝对可积函数的傅里叶系数,当 $n \to \infty$ 时趋于零.

本节开始时,我们对于平方可积函数证明了这个性质,现在又推广到任意绝对可积函数.应当注意,去掉函数绝对可积的条件,当 $n \to \infty$ 时,傅里叶系数就可能不会趋于零.

§3　余弦和式的公式、辅助积分

现在来证

$$\frac{1}{2} + \cos u + \cos 2u + \cdots + \cos nu = \frac{\sin\left(n + \frac{1}{2}\right) u}{2\sin \frac{u}{2}} \tag{3.1}$$

为此,把左边和式记作 S. 显然有

$$2S\sin \frac{u}{2} = \sin \frac{u}{2} + 2\cos u\sin \frac{u}{2} +$$

$$2\cos 2u\sin \frac{u}{2} + \cdots + 2\cos nu\sin \frac{u}{2}$$

把公式

$$2\cos \alpha \sin \beta = \sin(\alpha + \beta) - \sin(\alpha - \beta)$$

用到上式右边的每个乘积,有

$$2S\sin \frac{u}{2} = \sin \frac{u}{2} + \left(\sin \frac{3}{2}u - \sin \frac{u}{2}\right) +$$

$$\left(\sin \frac{5}{2}u - \sin \frac{3}{2}u\right) + \cdots +$$

$$\left(\sin\left(n + \frac{1}{2}\right) u - \sin\left(n - \frac{1}{2}\right) u\right)$$

$$= \sin\left(n + \frac{1}{2}\right) u$$

由此得

$$S = \frac{\sin\left(n + \frac{1}{2}\right) u}{2\sin \frac{u}{2}}$$

这就是要证明的.

我们还要建立两个辅助公式.将等式(3.1)在区间$[-\pi, \pi]$上取积分,并将结果用 π 来除,无论 n 是什么数,都有

$$1 = \frac{1}{\pi} \int_{-\pi}^{\pi} \frac{\sin\left(n + \frac{1}{2}\right) u}{2\sin\dfrac{u}{2}} \mathrm{d}u \tag{3.2}$$

(因为余弦函数的积分是零).

不难知道,式(3.2)中的被积函数是偶函数(把 u 换号时,分子分母都换号,因此比值不变). 因此

$$\frac{1}{\pi} \int_0^{\pi} \frac{\sin\left(n + \frac{1}{2}\right) u}{2\sin\dfrac{u}{2}} \mathrm{d}u = \frac{1}{\pi} \int_{-\pi}^{0} \frac{\sin\left(n + \frac{1}{2}\right) u}{2\sin\dfrac{u}{2}} \mathrm{d}u = \frac{1}{2} \tag{3.3}$$

§4　傅里叶级数部分和的积分公式

设 $f(x)$ 有周期 2π,且

$$f(x) \sim \frac{a_0}{2} + \sum_{k=1}^{\infty} (a_k \cos kx + b_k \sin kx)$$

设

$$s_n(x) = \frac{a_0}{2} + \sum_{k=1}^{n} (a_k \cos kx + b_k \sin kx)$$

把傅里叶系数的公式代进去,便得

$$s_n(x) = \frac{1}{2\pi} \int_{-\pi}^{\pi} f(x) \mathrm{d}t + \frac{1}{\pi} \sum_{k=1}^{n} \left[\int_{-\pi}^{\pi} f(t) \cos kt \, \mathrm{d}t \cdot \cos kx + \int_{-\pi}^{\pi} f(t) \sin kt \, \mathrm{d}t \cdot \sin kx \right]$$

$$= \frac{1}{\pi} \int_{-\pi}^{\pi} f(t) \left[\frac{1}{2} + \sum_{k=1}^{n} (\cos kt \cos kx + \sin kt \sin kx) \right] \mathrm{d}t$$

$$= \frac{1}{\pi} \int_{-\pi}^{\pi} f(t) \left[\frac{1}{2} + \sum_{k=1}^{n} \cos k(t - x) \right] \mathrm{d}t$$

应用公式(3.1),又得

$$s_n(x) = \frac{1}{\pi} \int_{-\pi}^{\pi} f(t) \cdot \frac{\sin\left[\left(n + \frac{1}{2}\right)(t - x)\right]}{2\sin\dfrac{t - x}{2}} \mathrm{d}t$$

在积分里进行变量置换,命 $t - x = u$,得

$$s_n(x) = \frac{1}{\pi} \int_{-\pi-x}^{\pi-x} f(x + u) \frac{\sin\left(n + \frac{1}{2}\right) u}{2\sin\dfrac{u}{2}} \mathrm{d}u$$

函数 $f(x+u)$ 和 $\dfrac{\sin\left(n+\dfrac{1}{2}\right)u}{2\sin\dfrac{u}{2}}$ 对于变量 u 有周期 2π（和等式（3.1）比较），而区间

$[-\pi-x,\pi-x]$ 的长度是 2π. 因此在这个区间的积分和在区间 $[-\pi,\pi]$ 的积分一样（比较第 2 章 §1），因此我们得到

$$s_n(x)=\frac{1}{\pi}\int_{-\pi}^{\pi}f(x+u)\,\frac{\sin\left(n+\dfrac{1}{2}\right)u}{2\sin\dfrac{u}{2}}\mathrm{d}u \tag{4.1}$$

傅里叶级数部分和这个积分公式，使我们能够建立保证级数收敛到 $f(x)$ 的条件.

§5　左右导数

设函数 $f(x)$ 在点 x 处在右方连续，即 $f(x+0)=f(x)$. 我们说 $f(x)$ 在点 x 处有右导数，如果极限

$$\lim_{\substack{u\to 0\\ u>0}}\frac{f(x+u)-f(x)}{u}=f'_+(x) \tag{5.1}$$

存在而且是有限的.

如果 $f(x)$ 在点 x 处在左方连续，即 $f(x-0)=f(x)$，且极限

$$\lim_{\substack{u\to 0\\ u<0}}\frac{f(x+u)-f(x)}{u}=f'_-(x) \tag{5.2}$$

是存在而且是有限的，我们说 $f(x)$ 在点 x 处有左导数.

当 $f'_+(x)=f'_-(x)$ 的时候，函数 $f(x)$ 在点 x 处显然有通常的导数，数值等于左右导数的共同值，也就是曲线 $y=f(x)$ 在横坐标为 x 的点处有切线.

当 $f'_+(x)\neq f'_-(x)$，且二者都存在的时候，曲线 $y=f(x)$ 就发生"曲折"，我们可以说它有左右切线（在图 2 上用箭头指出）. 现在设 x 是第一类间断点. 那么，如果极限（代替式（5.1））

$$\lim_{\substack{u\to 0\\ u>0}}\frac{f(x+u)-f(x+0)}{u}=f'_+(x) \tag{5.3}$$

存在而有限，我们也说 $f(x)$ 在点 x 处有右导数. 如果极限（代替式（5.2））

$$\lim_{\substack{u\to 0\\ u<0}}\frac{f(x+u)-f(x-0)}{u}=f'_-(x) \tag{5.4}$$

存在而有限,我们说它在点 x 处有左导数.

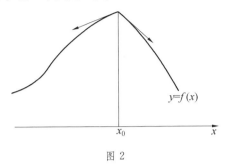

图 2

右导数在间断点 $x=x_0$ 处存在,相当于函数 $y=f_+(x)$ 的图线在 $x=x_0$ 处的切线存在,这个函数当 $x>x_0$ 时和 $f(x)$ 一致,当 $x=x_0$ 时等于 $f(x_0+0)$(因此函数 $f_+(x)$ 只当 $x \geqslant x_0$ 时确定). 同样,左导数当 $x=x_0$ 时存在,相当于函数 $y=f_-(x)$ 的图线在 $x=x_0$ 处的切线存在,这个函数当 $x<x_0$ 时和 $f(x)$ 一致,当 $x=x_0$ 时等于 $f(x_0-0)$(函数 $f_-(x)$ 只对 $x \leqslant x_0$ 确定).

函数

$$f(x)=\begin{cases} -x^3, & \text{当 } x<1 \\ 0, & \text{当 } x=0 \\ \sqrt{x}, & \text{当 } x>1 \end{cases}$$

的图线如图 3 所示,点 $x=1$ 是间断点. 显然有

$$f_+(x)=\sqrt{x}, \text{当 } x \geqslant 1$$
$$f_-(x)=-x^3, \text{当 } x \leqslant 1$$

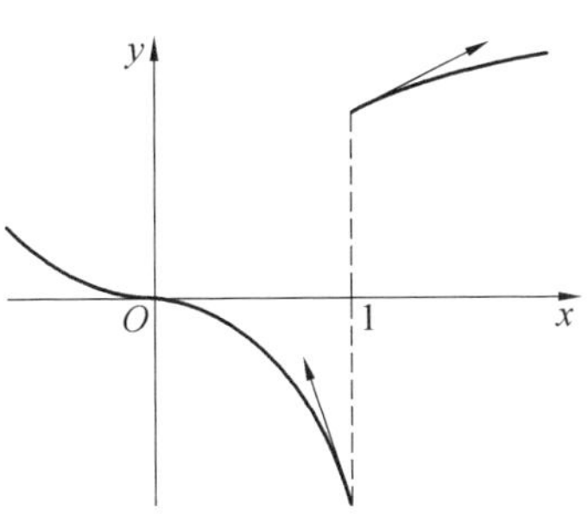

图 3

因此

$$f'_+(x)=\left(\frac{1}{2\sqrt{x}}\right)_{x=1}=\frac{1}{2}$$

$$f'_{-}(x) = (-3x^2)_{x=1} = -3$$

对应的切线在图中用箭头表示.

§6   在函数连续点处傅里叶级数收敛的充分条件

我们来证明:绝对可积的函数 $f(x)$,周期为 2π 并在该周期上具有左右导数,它的傅里叶级数在每个连续点处收敛而且和就是 $f(x)$ 本身.特别说来,在 $f(x)$ 每个可微分的点处,这也是成立的.

设 x 是函数 $f(x)$ 的一个连续点,左右导数都存在.我们要证明

$$\lim_{n \to \infty} s_n(x) = f(x)$$

根据式(4.1),这相当于等式

$$\lim_{n \to \infty} \frac{1}{\pi} \int_{-\pi}^{\pi} f(x+u) \frac{\sin\left(n+\frac{1}{2}\right)u}{2\sin\frac{u}{2}} \mathrm{d}u = f(x) \tag{6.1}$$

由式(3.2)有

$$f(x) = \frac{1}{\pi} \int_{-\pi}^{\pi} f(x) \frac{\sin\left(n+\frac{1}{2}\right)u}{2\sin\frac{u}{2}} \mathrm{d}u$$

因此式(6.1)可以改写成

$$\lim_{n \to \infty} \frac{1}{\pi} \int_{-\pi}^{\pi} [f(x+u) - f(x)] \frac{\sin\left(n+\frac{1}{2}\right)u}{2\sin\frac{u}{2}} \mathrm{d}u = 0 \tag{6.2}$$

于是问题就归结到证明这个等式了.首先来证明函数

$$\varphi(u) = \frac{f(x+u) - f(x)}{2\sin\frac{u}{2}} = \frac{f(x+u) - f(x)}{u} \cdot \frac{u}{2\sin\frac{u}{2}} \tag{6.3}$$

(x 固定)是绝对可积的.

因为 $f(x)$ 在点 x 处具有左右导数,所以比值

$$\frac{f(x+u) - f(x)}{u} \tag{6.4}$$

当 $u \to 0$ 时是有界的. 换句话说, 存在着数 $\delta > 0$, 当 $-\delta \leqslant u \leqslant \delta$ 时

$$\left| \frac{f(x+u)-f(x)}{u} \right| \leqslant M = 常数$$

因为当 $u \neq 0$ 时, 这个比值只能在 $f(x+u)$ 不连续的地方有间断点 (由于 $f(x)$ 是绝对可积的, 函数 $f(x+u)$ 是绝对可积的, 因而只能有有限个间断点), 所以比值本身在 $[-\delta, \delta]$ 是绝对可积的.

在区间 $[-\delta, \delta]$ 以外, 比值 (6.4) 是绝对可积函数 $f(x+u)-f(x)$ 与有界函数 $\frac{1}{u}$ 的乘积 (因为由 $|u| \geqslant \delta$, 有 $\left| \frac{1}{u} \right| \leqslant \frac{1}{\delta}$), 因此是绝对可积函数.

这样一来, 比值 (6.4) 在区间 $[-\delta, \delta]$ 内部和外部都是绝对可积函数. 因此在区间 $[-\pi, \pi]$ 上, 也就有绝对可积的性质.

另外, 函数

$$\frac{u}{2\sin \dfrac{u}{2}} \tag{6.5}$$

当 $u \neq 0$ 时连续, 且当 $u \to 0$ 时趋于 1[①].

因此它是有界连续函数 (只当 $u = 0$ 时不确定).

这样一来, $\varphi(u)$ (参看式 (6.3)) 是绝对可积函数 (6.4) 和有界函数 (6.5) 的乘积, 因而本身也是绝对可积的.

但是

$$\int_{-\pi}^{\pi} [f(x+u)-f(x)] \frac{\sin \left(n + \dfrac{1}{2} \right) u}{2\sin \dfrac{u}{2}} du$$

$$= \int_{-\pi}^{\pi} \varphi(u) \sin \left(n + \frac{1}{2} \right) u\, du$$

因此根据式 (2.9), 等式 (6.2) 便成立了.

---

① 这是由熟知的等式 $\lim\limits_{\alpha \to 0} \dfrac{\sin \alpha}{\alpha} = 1$ 而来的.

§7   在函数间断点处傅里叶级数收敛的充分条件

我们来证明:绝对可积的函数 $f(x)$,周期为 2π,并在其上具有左右导数,那么它的傅里叶级数在每一个间断点处收敛,它的和是 $\dfrac{f(x+0)+f(x-0)}{2}$.

根据式(4.1),我们必须证明等式

$$\lim_{n\to\infty} \frac{1}{\pi} \int_{-\pi}^{\pi} f(x+u) \frac{\sin\left(n+\dfrac{1}{2}\right)u}{2\sin\dfrac{u}{2}} \mathrm{d}u$$

$$= \frac{f(x+0)+f(x-0)}{2}$$

要这样,只需证明等式

$$\lim_{n\to\infty} \frac{1}{\pi} \int_{0}^{\pi} f(x+u) \frac{\sin\left(n+\dfrac{1}{2}\right)u}{2\sin\dfrac{u}{2}} \mathrm{d}u = \frac{f(x+0)}{2} \tag{7.1}$$

$$\lim_{n\to\infty} \frac{1}{\pi} \int_{-\pi}^{0} f(x+u) \frac{\sin\left(n+\dfrac{1}{2}\right)u}{2\sin\dfrac{u}{2}} \mathrm{d}u = \frac{f(x-0)}{2} \tag{7.2}$$

我们只限于证明式(7.1),因为对于式(7.2)的推演,并没有什么本质上的不同.

由式(3.3),有

$$\frac{f(x+0)}{2} = \frac{1}{\pi} \int_{0}^{\pi} f(x+0) \frac{\sin\left(n+\dfrac{1}{2}\right)u}{2\sin\dfrac{u}{2}} \mathrm{d}u$$

因此,代替式(7.1),我们要证明等式

$$\lim_{n\to\infty} \frac{1}{\pi} \int_{0}^{\pi} [f(x+u)-f(x+0)] \frac{\sin\left(n+\dfrac{1}{2}\right)u}{2\sin\dfrac{u}{2}} \mathrm{d}u = 0 \tag{7.3}$$

首先来证明变量 u 的函数

$$\varphi(u) = \frac{f(x+u)-f(x+0)}{2\sin\dfrac{u}{2}}$$

$$= \frac{f(x+u) - f(x+0)}{u} \cdot \frac{u}{2\sin\dfrac{u}{2}}$$

在区间 $[0,\pi]$ 上是绝对可积的.

因为 $f(x)$ 在点 x 处有右导数,所以比值

$$\frac{f(x+u) - f(x+0)}{u} \quad (u > 0) \tag{7.4}$$

当 $u \to 0$ 时是有界的[①]. 因此(好像在 §6 的比值(6.4)一样)可以得到绝对收敛的结论. 由于函数 $\dfrac{u}{2\sin\dfrac{u}{2}}$ 是有界的,所以函数 $\varphi(u)$ 在 $[0,\pi]$ 上是绝对可积的. 但是

$$\int_0^\pi [f(x+u) - f(x+0)] \frac{\sin\left(n+\dfrac{1}{2}\right)u}{2\sin\dfrac{u}{2}} du$$

$$= \int_0^\pi \varphi(u) \sin\left(n+\frac{1}{2}\right) u \, du$$

要得到式(7.3),只要用式(2.9)就行了.

§8   在 §6,§7 中建立的充分条件的推广

分析一下 §6,§7 中所进行的证明,便可以归结到以下的结论:在点 x 处左右导数之所以需要存在,仅仅是为了要肯定,在 §6(参看式(6.4)等) 中的比式

$$\frac{f(x+u) - f(x)}{u} \tag{8.1}$$

和 §7 中(参看式(7.4)等) 的比式

$$\begin{cases} \dfrac{f(x+u) - f(x+0)}{u} & (u > 0) \\[2mm] \dfrac{f(x+u) - f(x-0)}{u} & (u < 0) \end{cases} \tag{8.2}$$

都是绝对可积的,式中 x 固定,比式都看成 u 的函数.

---

① 证明式(7.2)时,我们应考察

$$\frac{f(x+u) - f(x-0)}{u} \quad (u < 0)$$

以代替式(7.4).

因此,如果我们要求上述的绝对可积性(以替代左右导数存在这个条件),便得到普遍的收敛准则:

如果比式(8.1)是变量 u 的绝对可积函数,那么绝对可积函数 $f(x)$ 的傅里叶级数,在每个连续点处收敛到 $f(x)$;如果(8.2)的两个比式绝对可积,那么在每个间断点处,收敛到 $\dfrac{f(x+0)+f(x-0)}{2}$.

§9　逐段滑溜(连续或不连续)函数的傅里叶级数的收敛

作为 §6,§7 的推论,我们有下面的定理.

定理　如果 $f(x)$ 是以 2π 为周期的绝对可积函数,在区间 $[a,b]$ 上逐段滑溜,那么傅里叶级数对于适合条件 $a<x<b$ 的一切 x 都收敛,而且在连续点处,它的和是 $f(x)$,在间断点处,它的和是 $\dfrac{f(x+0)+f(x-0)}{2}$(对于 $x=a,x=b$ 两点,可能不收敛).

实际上,由逐段滑溜函数概念的定义(参考第 2 章 §9),对于不是对应于角点或间断点的一切 $x(a<x<b)$,$f(x)$ 是可微的,对于每个角点或间断点,$f(x)$ 具有左右导数.因此剩下的事,就是应用 §6,§7 的准则了.至于区间 $[a,b]$ 的端点,根据定理的条件,对于 $x=a$,只是右导数存在,对于 $x=b$,只是左导数存在,因此 §6,§7 的准则不能应用.

如果区间 $[a,b]$ 的长度是 2π,则易知 $f(x)$ 在全部 Ox 轴是逐段滑溜的(由于 $f(x)$ 是周期函数).这时傅里叶级数处处收敛.这就证明了第 2 章 §10 中的准则的第一部分.第二部分有关连续函数的绝对收敛性和均匀收敛性,将于下一节证明.

§10　周期是 2π 的连续逐段滑溜函数的傅里叶级数的绝对收敛性和均匀收敛性

设 $f(x)$ 是连续逐段滑溜函数,周期是 2π.导数 $f'(x)$ 除在 $f(x)$ 的图线的角点外处处存在,而且有界.

因此由分部积分公式(由于第 2 章 §4,这是允许的)得

$$a_n = \frac{1}{\pi} \int_{-\pi}^{\pi} f(x) \cos nx \, dx$$

$$= \frac{1}{\pi n} \big[f(x) \sin nx \big]_{x=-\pi}^{x=\pi} - \frac{1}{\pi n} \int_{-\pi}^{\pi} f'(x) \sin nx \, dx$$

$$b_n = \frac{1}{\pi} \int_{-\pi}^{\pi} f(x) \sin nx \, dx$$

$$= -\frac{1}{\pi n} \big[f(x) \cos nx \big]_{x=-\pi}^{x=\pi} + \frac{1}{\pi n} \int_{-\pi}^{\pi} f'(x) \cos nx \, dx$$

两式右边的第一项都变成了零. 命 a'_n, b'_n 表示函数 $f'(x)$ 的傅里叶系数, 因此便有

$$a_n = -\frac{b'_n}{n}, b_n = \frac{a'_n}{n} \quad (n = 1, 2, \cdots) \tag{10.1}$$

因为 $f'(x)$ 有界, 也因而就是平方可积函数, 所以由 §1 的定理, 便知级数

$$\sum_{n=1}^{\infty} (a'^2_n + b'^2_n) \tag{10.2}$$

收敛.

考察显明的关系式

$$\left(\mid a'_n \mid -\frac{1}{n} \right)^2 = a'^2_n - \frac{2 \mid a'_n \mid}{n} + \frac{1}{n^2} \geqslant 0$$

$$\left(\mid b'_n \mid -\frac{1}{n} \right)^2 = b'^2_n - \frac{2 \mid b'_n \mid}{n} + \frac{1}{n^2} \geqslant 0$$

可知

$$\frac{\mid a'_n \mid}{n} + \frac{\mid b'_n \mid}{n} \leqslant \frac{1}{2} (a'^2_n + b'^2_n) + \frac{1}{n^2} \quad (n = 1, 2, \cdots)$$

这里右边是收敛级数的公项, 因此级数

$$\sum_{n=1}^{\infty} \left(\frac{\mid a'_n \mid}{n} + \frac{\mid b'_n \mid}{n} \right)$$

收敛.

由式 (10.1), 于是有:

对于任意的连续逐段滑溜函数, 级数

$$\sum_{n=1}^{\infty} (\mid a_n \mid + \mid b_n \mid) \tag{10.3}$$

收敛.

附注　级数 (10.3) 收敛的证明, 只用过级数 (10.2) 的收敛性. 而这件事, 对于

周期是 2π 的连续函数 $f(x)$ 来讲,当 $f'(x)$ 是平方可积时,总是成立的($f'(x)$ 只在个别的点[①]处不存在). 因此级数(10.3)在此情况下的收敛性是成立的.

现在让我们另外来讲一个极简单但极重要的事实. 设给出三角级数

$$\frac{a_0}{2} + \sum_{n=1}^{\infty} (a_n \cos nx + b_n \sin nx) \qquad (10.4)$$

(并未预先假定这个级数是某个函数的傅里叶级数),则有下面的定理.

定理 1　如果级数

$$\sum_{n=1}^{\infty} (|a_n| + |b_n|) \qquad (10.5)$$

收敛,那么级数(10.4)绝对收敛而且均匀收敛,因而有连续的和以它为傅里叶级数(参看第 2 章 §6 定理 1).

实际上

$$|a_n \cos nx + b_n \sin nx| \leqslant |a_n \cos nx| + |b_n \sin nx|$$
$$\leqslant |a_n| + |b_n|$$

于是函数项级数(10.4)的各项的绝对值,不超过收敛数项级数(10.5)的对应项. 这就肯定了我们所说的事(参看第 2 章 §4).

从证明了的事情(并参看 §9)可得下面的定理.

定理 2　周期是 2π 的连续逐段滑溜函数 $f(x)$ 的傅里叶级数,绝对收敛且均匀收敛到这个函数.

由此定理可知,周期是 2π 的连续逐段滑溜函数 $f(x)$,可以用它的傅里叶级数的部分和 $s_n(x)$(当 n 足够大)来近似表示(均匀收敛概念的实质就在于此! 参看第 2 章 §4).

为了说明这点,考察在 $-\pi \leqslant x \leqslant \pi$ 与 $|x|$ 重合的连续逐段滑溜的周期函数 $f(x)$. 在第 2 章 §13 例 2 中,我们有

$$f(x) = \frac{\pi}{2} - \frac{4}{\pi} \left(\cos x + \frac{\cos 3x}{3^2} + \frac{\cos 5x}{5^2} + \cdots \right)$$

图 4 显示 $f(x)$ 和它的傅里叶级数的部分和

$$s_5(x) = \frac{\pi}{2} - \frac{4}{\pi} \left(\cos x + \frac{\cos 3x}{3^2} + \frac{\cos 5x}{5^2} \right)$$

的图线.

---

① 换句话说,$f'(x)$ 只在有限个点(对于每个周期)不存在.

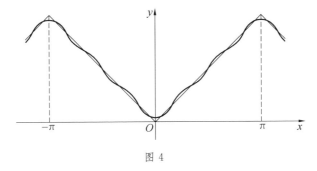

图 4

我们看出当 $n=5$ 时,两图形彼此相距很近.

前面的附注可以使我们把定理 2 做如下的推广:

周期是 2π 的连续函数 $f(x)$,如果导数平方可积(它只能在个别的一些点处不存在),它的傅里叶级数绝对收敛且均匀收敛到 $f(x)$.

§11　周期是 2π 而具有绝对可积导数的连续函数的傅里叶级数的均匀收敛性

预备定理 1　设 $f(x)$ 是连续函数,周期是 2π,具有绝对可积的导数(后者只在个别的一些点处不存在),$\omega(u)(\alpha\leqslant u\leqslant\beta)$ 是具有连续导数的函数.那么对于任意的数 $\varepsilon>0$,只要 m(不一定是整数) 足够大,不等式

$$\left|\int_\alpha^\beta f(x+u)\omega(u)\sin mu\,du\right|\leqslant\varepsilon \tag{11.1}$$

必定成立.

证　分部积分,得

$$\int_\alpha^\beta f(x+u)\omega(u)\sin mu\,du$$

$$=\frac{1}{m}\left[-f(x+u)\omega(u)\cos mu\right]_{u=\alpha}^{u=\beta}+$$

$$\frac{1}{m}\int_\alpha^\beta\left[f(x+u)\omega(u)\right]'\cos mu\,du \tag{11.2}$$

上式等号右边的中括号显然有界.又因

$$\left[f(x+u)\omega(u)\right]'=f'(x+u)\omega(u)+f(x+u)\omega'(u) \tag{11.3}$$

易知等号右边的积分有界.实际上,$\omega(u)$ 和 $f(x+u)\omega'(u)$ 是有界的,因此它们的绝对值不超过某个常数 M.但是由于式(11.3),有

$$\left|\int_\alpha^\beta [f(x+u)\omega(u)]' \cos mu\,du\right|$$

$$\leqslant M\int_\alpha^\beta \mid f'(x+u) \mid du + M(\beta-\alpha)$$

$$\leqslant M\int_{-\pi}^\pi \mid f'(u) \mid du + M(\beta-\alpha) = 常数$$

(我们用到函数 $f(x)$ 的周期性,也就是用到 $\mid f'(x) \mid$ 的周期性,并且假定 $\beta-\alpha \leqslant 2\pi$,这件事虽非主要,而今后用它也就够了).

因为式(11.2)中的中括号和积分都是有界的,所以式(11.1)的成立是显然的.

预备定理 2 对于任意的 m 和 $-\pi \leqslant u \leqslant \pi$,积分

$$I = \int_0^u \frac{\sin mt}{2\sin \dfrac{t}{2}}dt \tag{11.4}$$

是有界的.

实际上

$$I = \int_0^u \frac{\sin mt}{t}dt + \int_0^u \omega(t)\sin mt\,dt \tag{11.5}$$

其中

$$\omega(t) = \frac{1}{2\sin \dfrac{t}{2}} - \frac{1}{t}$$

应用洛必达法则可知 $\omega(t)$ 和 $\omega'(t)$ 是连续的(如果取 $\omega(0) = 0$).

式(11.5)中的第二个积分显然是有界的.在另一方面,设 $mt = x$,便有

$$\int_0^u \frac{\sin mt}{t}dt = \int_0^{mu} \frac{\sin x}{x}dx$$

而后一个积分,不难知道它不超过曲线 $y = \dfrac{\sin x}{x}$ 第一拱的面积(图 5).因为式(11.5)中的每一个积分都有界,所以积分 I 有界.

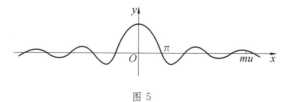

图 5

定理　如果周期是 2π 的连续函数 $f(x)$ 具有绝对可积函数(后者在个别的一些点处不存在),那么它的傅里叶级数对于一切的 x,均匀收敛到 $f(x)$.

证　考察已经在 §6 计算好的差式

$$s_n(x) - f(x) = \frac{1}{\pi} \int_{-\pi}^{\pi} [f(x+u) - f(x)] \frac{\sin mu}{2\sin \dfrac{u}{2}} du \tag{11.6}$$

其中设 $m = n + \dfrac{1}{2}$. 任意地给出数 $\varepsilon > 0$. 设 δ 是 0 与 π 之间的数. 把出现在式(11.6)的积分,分成三个积分 I_1, I_2, I_3 分别地对应于区间 $[-\delta, \delta], [\delta, \pi], [-\pi, -\delta]$. 由分部积分得

$$I_1 = \left[(f(x+u) - f(x)) \cdot \int_0^u \frac{\sin mt}{2\sin \dfrac{t}{2}} dt \right]_{u=-\delta}^{u=\delta} -$$

$$\int_{-\delta}^{\delta} \left[f'(x+u) \cdot \int_0^u \frac{\sin mt}{2\sin \dfrac{t}{2}} dt \right] du$$

我们就得到(根据 $\dfrac{\sin mt}{2\sin \dfrac{t}{2}}$ 是偶函数这一事实)右边第一项的值

$$\left[(f(x+\delta) - f(x)) + (f(x-\delta) - f(x)) \right] \cdot \int_0^{\delta} \frac{\sin mt}{2\sin \dfrac{t}{2}} dt$$

于是对于一切足够小的 δ,这一项的绝对值,显然不超过 $\dfrac{\varepsilon}{2}$(由于 $f(x)$ 连续,又根据预备定理 2,式中的积分是有界的). 另外,由于预备定理 2,对于足够小的 δ,有

$$\left| \int_{-\delta}^{\delta} \left[f'(x+u) \cdot \int_0^u \frac{\sin mt}{2\sin \dfrac{t}{2}} dt \right] du \right|$$

$$\leqslant M \cdot \int_{-\delta}^{\delta} | f'(x+u) | du$$

$$= M \cdot \int_{x-\delta}^{x+\delta} f'(t) dt \leqslant \frac{\varepsilon}{2}$$

(M 是常量),这是因为积分

$$\int_{x-\delta}^{x+\delta} f'(t) dt$$

是连续函数

$$\int_{x_0}^{x} f'(t)\,\mathrm{d}t$$

的增量(x_0 固定),随 δ 而变小[①].

既然如此,那么,不管 x 是什么,只要把 δ 选得足够小,就有

$$|\,I_1\,| \leqslant \varepsilon$$

其次,对于一切的 x,只要 n 足够大,又有

$$|\,I_2\,| \leqslant \left|\int_{\delta}^{\pi} f(x+u)\,\frac{\sin mu}{2\sin\dfrac{u}{2}}\mathrm{d}u\right| + \left|\int_{\delta}^{\pi} f(x)\,\frac{\sin mu}{2\sin\dfrac{u}{2}}\mathrm{d}u\right| \leqslant \varepsilon$$

这是根据预备定理 1,其中取 $\omega(u) = \dfrac{1}{2\sin\dfrac{u}{2}}$. 对于 I_3 可以得到类似的不等式. 于是

对于一切 x,只要 n 足够大,就有

$$|\,s_n(x) - f(x)\,| = \frac{1}{\pi}\,|\,I_1 + I_2 + I_3\,| \leqslant \frac{3\varepsilon}{\pi} < \varepsilon$$

这就把定理证明了.

§12　§11 中结果的推广

如果 $f(x)$ 不是在处处,而只在某个区间上,具有绝对可积的导数,那么傅里叶级数的收敛问题有什么特点呢? 我们来讨论这个问题.

首先把 §11 的预备定理 1 加以改善:

预备定理　设 $f(x)$ 是以 2π 为周期的绝对可积函数,$\omega(u)\,(\alpha \leqslant u \leqslant \beta)$ 是具有连续导数的函数. 那么不管 $\varepsilon > 0$ 是什么数,只要 m 足够大(不一定是整数),不等式

$$\left|\int_{\alpha}^{\beta} f(x+u)\omega(u)\sin mu\,\mathrm{d}u\right| \leqslant \varepsilon \tag{12.1}$$

对于一切的 x 都成立.

证　设 $|\,\omega(u)\,| \leqslant M$,$M =$ 常量. 取一个周期是 2π 的连续逐段滑溜函数 $g(x)$,使不等式

$$\int_{-\pi}^{\pi} |\,f(x) - g(x)\,|\,\mathrm{d}x \leqslant \frac{\varepsilon}{2M}$$

---

① 不失普遍性,可以限于 $-\pi \leqslant x \leqslant \pi$.

成立(参考 §2,预备定理 2 的附注). 那么

$$\left| \int_\alpha^\beta f(x+u)\omega(u)\sin mu\,du \right|$$

$$= \left| \int_\alpha^\beta [f(x+u)-g(x+u)]\omega(u)\sin mu\,du + \right.$$

$$\left. \int_\alpha^\beta g(x+u)\omega(u)\sin mu\,du \right|$$

$$\leqslant \int_\alpha^\beta |\, [f(x+u)-g(x+u)]\omega(u)\,|\,du +$$

$$\left| \int_\alpha^\beta g(x+u)\sin mu\,du \right| \tag{12.2}$$

如果 m 足够大,那么由于 §11 的预备定理 1,最后的积分不会超过 $\dfrac{\varepsilon}{2}$.

另外

$$\int_\alpha^\beta |\, [f(x+u)-g(x+u)]\omega(u)\,|\,du$$

$$\leqslant M\int_\alpha^\beta |\, f(x+u)-g(x+u)\,|\,du$$

$$\leqslant M\int_{-\pi}^\pi |\, f(x)-g(x)\,|\,dx \leqslant \frac{\varepsilon}{2}$$

(它们用到差式 $f(x)-g(x)$ 的周期性,并且设 $\beta-\alpha\leqslant 2\pi$). 因此由式(12.2)便得式(12.1).

定理　设 $f(x)$ 是以 2π 为周期的连续绝对可积函数,在某个区间 $[a,b]$ 上具有绝对可积导数(导数可能在个别的一些点处不存在). 那么傅里叶级数在整个区间 $[a+\delta,b-\delta](\delta>0)$ 上,均匀收敛到 $f(x)$.

证　如果区间的长度不小于 2π,那么不难理解,$f(x)$ 对于一切的 x 都连续,具有绝对可积的导数,而且由于 §11 中证明了的定理,$f(x)$ 的傅里叶级数在全部 Ox 轴上均匀收敛到它本身. 剩下的事,只是讨论区间 $[a,b]$ 的长度小于 2π 的情形.

我们来引进一个周期是 2π 的连续函数 $F(x)$;当 $a\leqslant x\leqslant b$ 时,它等于 $f(x)$,当 $x=a+2\pi$ 时,它等于 $f(a)$,而且在区间 $[b,a+2\pi]$ 上,它是线性的(图 6). 在区间 $[a,a+2\pi]$ 以外,$F(x)$ 的值可以利用周期延续得到. 不难知道,$F(x)$ 具有绝对可积的导数.

设 $\varPhi(x)=f(x)-F(x)$. 这个函数是绝对可积的,而且当 $a\leqslant x\leqslant b$ 时

$$\varPhi(x)=0$$

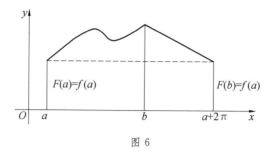

图 6

显然有

$$f(x) = F(x) + \Phi(x)$$

及

$$s_n(x) - f(x) = \frac{1}{\pi} \int_{-\pi}^{\pi} \left[F(x+u) - F(x) \right] \frac{\sin mu}{2\sin \dfrac{u}{2}} du +$$

$$\frac{1}{\pi} \int_{-\pi}^{\pi} \left[\Phi(x+u) - \Phi(x) \right] \frac{\sin mu}{2\sin \dfrac{u}{2}} du$$

$$= I_1 + I_2 \tag{12.3}$$

其中设 $m = n + \dfrac{1}{2}$.

设任意地给出 $\varepsilon > 0$. 由 §11 的定理可知 $F(x)$ 的傅里叶级数均匀收敛到它本身. 于是对于一切的 x, 只要 n 足够大, 有

$$\mid I_1 \mid \leqslant \frac{\varepsilon}{2} \tag{12.4}$$

现在设 $a + \delta \leqslant x \leqslant b - \delta$, 则 $\Phi(x) = 0$, 于是

$$I_2 = \frac{1}{\pi} \int_{-\pi}^{\pi} \Phi(x+u) \frac{\sin mu}{2\sin \dfrac{u}{2}} du$$

如果 $-\delta \leqslant u \leqslant \delta$, 那么对于所考虑 x 的值, 有

$$a \leqslant x + u \leqslant b$$

因此

$$\Phi(x + u) = 0$$

所以

$$I_2 = \frac{1}{\pi} \int_{-\pi}^{-\delta} \Phi(x+u) \frac{\sin mu}{2\sin \frac{u}{2}} du + \int_{b}^{\pi} \Phi(x+u) \frac{\sin mu}{2\sin \frac{u}{2}} du$$

剩下的事便是把上面证过的预备定理,应用到这些积分的每一个来. 结果是:对于 $a+\delta \leqslant x \leqslant b-\delta$ 和一切足够大的 n,有

$$| I_2 | \leqslant \frac{\varepsilon}{2} \tag{12.5}$$

由式(12.4)(12.5)(12.3)可知,只要 n 足够大,对于区间 $[a+\delta, b-\delta]$ 的一切 x 有

$$| s_n(x) - f(x) | \leqslant | I_1 | + | I_2 | \leqslant \varepsilon$$

这就把定理证明了.

附注 对于周期是 2π 的,绝对可积的,且在区间 $[a,b]$ 上连续逐段滑溜的函数 $f(x)$ 这一特殊情况,定理是成立的.

为了说明这个定理,考察逐段滑溜的偶函数 $f(x)$:当 $0 < x < \pi$ 时等于 $\frac{\pi}{4}$,当 $-\pi < x < 0$ 时等于 $-\frac{\pi}{4}$.

在第 2 章 §13 例 5,已证明当 $x \neq k\pi (k=0, \pm 1, \pm 2, \cdots)$ 时

$$f(x) = \sin x + \frac{\sin 3x}{3} + \frac{\sin 5x}{5} + \frac{\sin 7x}{7} + \cdots$$

而在 $x = k\pi$ 这些点处,$f(x) = 0$.

图 7 显示 $f(x)$ 的傅里叶级数的部分和

$$s_1(x) = \sin x$$

$$s_3(x) = \sin x + \frac{\sin 3x}{3}$$

$$s_5(x) = \sin x + \frac{\sin 3x}{3} + \frac{\sin 5x}{5}$$

$$s_7(x) = \sin x + \frac{\sin 3x}{3} + \frac{\sin 5x}{5} + \frac{\sin 7x}{7}$$

的图线.

图线显示出,在区间 $[-\pi+\delta, -\delta]$ 和 $[\delta, \pi-\delta]$ $(\delta > 0)$ 上(在这里 $f(x)$ 是滑溜的函数),部分和趋近到 $f(x)$ 时的均匀性. 要注意,δ 可以选得随便多么小(但是异于零). 因此不难理解,要得到 $f(x)$ 的很好的(严格说来,有指定准确度的)近似式,就必须减小 δ,而增大部分和的指标.

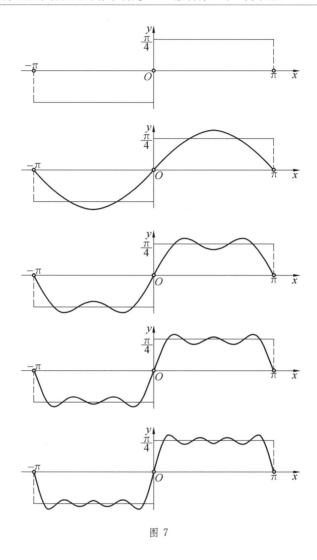

图 7

§13   局部性原理

函数值在某个(即使是很小的)区间上的改变,可能引起傅里叶系数很大的改变.但是,如果绝对可积函数 $f(x)$ 在点 x 处具有左右导数,或者在这点邻近连续且具有绝对可积导数,那么由 §6,§7,§12 可知,不管 $f(x)$ 的值在点 x 的某个邻域以外如何改变,它的傅里叶级数总是保持收敛的.这件事实是下述局部性原理的特例.

绝对可积函数 $f(x)$ 的傅里叶级数在点 x 处的性质,只取决于函数在此点随意小的邻域内的值.

这就是说:如果在点 x 处傅里叶级数收敛,那么在这点的某邻域(即使是很小的)外,不管怎样改变函数值(保持绝对可积),傅里叶级数总是保持收敛;又如果在点 x 处发散,那么保持发散.

要证明这一点,我们使用部分和的积分公式(参考 §4)

$$s_n(x) = \frac{1}{\pi} \int_{-\pi}^{\pi} f(x+u) \frac{\sin mu}{2\sin \dfrac{u}{2}} \mathrm{d}u$$

$$= \frac{1}{\pi} \int_{-\delta}^{\delta} f(x+u) \frac{\sin mu}{2\sin \dfrac{u}{2}} \mathrm{d}u + I_1 + I_2$$

其中 $m = n + \dfrac{1}{2}$,δ 是任意小的正数,I_1,I_2 分别是在区间 $[\delta, \pi]$ 和 $[-\pi, -\delta]$ 上所取的积分.

在这些区间上,函数 $\dfrac{1}{2\sin \dfrac{u}{2}}$ 连续(因为 $|u| \geqslant \delta$),因此函数

$$\varphi(u) = \frac{f(x+u)}{2\sin \dfrac{u}{2}}$$

绝对可积. 于是由(2.9)可知,积分

$$I_1 = \frac{1}{\pi} \int_{\delta}^{\pi} \varphi(u) \sin mu \, \mathrm{d}u$$

当 $n \to 0$ 时趋于零. I_2 也是一样.这样一来,傅里叶级数的部分和在点 x 处的极限存在与否,取决于积分

$$\frac{1}{\pi} \int_{-\delta}^{\delta} f(x+u) \frac{\sin mu}{2\sin \dfrac{u}{2}} \mathrm{d}u$$

当 $n \to \infty$ 时的极限性态,而在这个积分中,只出现函数 $f(x)$ 在点 x 的邻域 $(x-\delta, x+\delta)$ 的值.这就证明了局部性原理.

§14   无界函数展成傅里叶级数的例子

例 1 $f(x) = -\ln\left|2\sin\dfrac{x}{2}\right|$. 这是偶函数,而且当 $x = 2k\pi\,(k=0,\pm1,\pm2,\cdots)$ 时变为无穷大. 先指出 $f(x)$ 具有周期 2π. 实际上

$$\left|2\sin\frac{x+2\pi}{2}\right| = \left|2\sin\left(\frac{x}{2}+\pi\right)\right| = \left|-2\sin\frac{x}{2}\right|$$
$$= \left|2\sin\frac{x}{2}\right|$$

因此

$$\ln\left|2\sin\frac{x+2\pi}{2}\right| = \ln\left|2\sin\frac{x}{2}\right|$$

这就证明了 $f(x)$ 的周期性.

图 8 显示 $f(x)$ 的图线.

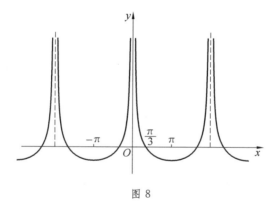

图 8

要证明 $f(x)$ 可积,只要在区间 $\left[0,\dfrac{\pi}{3}\right]$ 证明这件事就可以了(参看 $f(x)$ 的图线).显然有

$$-\int_{\varepsilon}^{\frac{\pi}{3}}\ln\left|2\sin\frac{x}{2}\right|\mathrm{d}x = -\int_{\varepsilon}^{\frac{\pi}{3}}\ln\left(2\sin\frac{x}{2}\right)\mathrm{d}x$$

$$= -\left[x\ln\left(2\sin\frac{x}{2}\right)\right]_{x=\varepsilon}^{x=\frac{\pi}{3}} + \int_{\varepsilon}^{\frac{\pi}{3}}\frac{x\cos\dfrac{x}{2}}{2\sin\dfrac{x}{2}}\mathrm{d}x$$

$$=\varepsilon\ln\left(2\sin\frac{\varepsilon}{2}\right)+\int_\varepsilon^{\frac{\pi}{3}}\frac{x\cos\frac{x}{2}}{2\sin\frac{x}{2}}\mathrm{d}x$$

（绝对值的符号是可以去掉的，因为对于 $0<x<\pi,2\sin\frac{x}{2}>0$）．

当 $\varepsilon\to0$，量 $\varepsilon\ln\left(2\sin\frac{\varepsilon}{2}\right)$ 趋于零（由洛必达法则不难证明这一点），而最后的积分趋于积分

$$\int_0^{\frac{\pi}{3}}\frac{x\cos\frac{x}{2}}{2\sin\frac{x}{2}}\mathrm{d}x$$

这个积分显然是有意义的，因为被积函数是有界的（要知道 $\lim\limits_{x\to0}\dfrac{x}{2\sin\dfrac{x}{2}}=1$）．这样

$$\lim_{\varepsilon\to0}\int_\varepsilon^{\frac{\pi}{3}}\ln\left|2\sin\frac{x}{2}\right|\mathrm{d}x$$

就存在了．这就表示 $f(x)$ 在区间 $\left[0,\dfrac{\pi}{3}\right]$ 上可积．由于 $f(x)$ 是在这个区间上保号的（图 5），于是就得到绝对可积性．

由于 $f(x)$ 是偶函数

$$b_n=0\quad(n=1,2,\cdots)$$

$$a_n=-\frac{2}{\pi}\int_0^\pi\ln\left(2\sin\frac{x}{2}\right)\cos nx\,\mathrm{d}x\quad(n=0,1,2,\cdots)$$

首先，计算积分

$$I=\int_0^\pi\ln\left(2\sin\frac{x}{2}\right)\mathrm{d}x=\int_0^\pi\left(\ln2+\ln\sin\frac{x}{2}\right)\mathrm{d}x$$

$$=\pi\ln2+\int_0^\pi\ln\sin\frac{x}{2}\mathrm{d}x$$

最后的积分记之为 Y，用代换 $x=2t$ 得

$$Y=2\int_0^{\frac{\pi}{2}}\ln\sin t\mathrm{d}t=2\int_0^{\frac{\pi}{2}}\ln\left(2\sin\frac{t}{2}\cos\frac{t}{2}\right)\mathrm{d}t$$

$$=\pi\ln2+2\int_0^{\frac{\pi}{2}}\ln\sin\frac{t}{2}\mathrm{d}t+2\int_0^{\frac{\pi}{2}}\ln\cos\frac{t}{2}\mathrm{d}t$$

用代换 $t=\pi-u$，得

$$2\int_0^{\frac{\pi}{2}} \ln\cos\frac{t}{2}\,dt = 2\int_{\frac{\pi}{2}}^{\pi} \ln\sin\frac{u}{2}\,du = 2\int_{\frac{\pi}{2}}^{\pi} \ln\sin\frac{t}{2}\,dt$$

因此 $Y = \pi\ln 2 + 2Y$，即

$$Y = -\pi\ln 2$$

于是 $I = 0$，即 $a_0 = 0$.

其次，用分部积分法得

$$a_n = -\frac{2}{\pi}\left\{\left[\frac{\ln\left(2\sin\frac{x}{2}\right)\sin nx}{n}\right]_{x=0}^{n=\pi} - \frac{1}{n}\int_0^{\pi}\frac{\sin nx\cos\frac{x}{2}}{2\sin\frac{x}{2}}\,dx\right\}$$

$$= \frac{1}{n\pi}\int_0^{\pi}\frac{\sin nx\cos\frac{x}{2}}{2\sin\frac{x}{2}}\,dx$$

（大括号里的第一项等于零，因为它是当 $x \to 0$ 时的不定型，不难用洛必达法则得出）. 又

$$\sin nx\cos\frac{x}{2} = \frac{1}{2}\left[\sin\left(n+\frac{1}{2}\right)x + \sin\left(n-\frac{1}{2}\right)x\right]$$

因此

$$a_n = \frac{1}{n\pi}\int_0^{\pi}\frac{\sin\left(n+\frac{1}{2}\right)x}{2\sin\frac{x}{2}}\,dx +$$

$$\frac{1}{n\pi}\int_0^{\pi}\frac{\sin\left(n-\frac{1}{2}\right)x}{2\sin\frac{x}{2}}\,dx$$

由此，根据 §3 的式(3.3)得

$$a_n = \frac{1}{n} \quad (n=1,2,\cdots)$$

因为当 $x \neq 2k\pi(k=0,\pm 1,\pm 2,\cdots)$ 时，函数 $f(x)$ 显然可微分，所以由 §6 求得，当 $x \neq 2k\pi(k=0,\pm 1,\pm 2,\cdots)$ 时

$$-\ln\left|2\sin\frac{x}{2}\right| = \cos x + \frac{\cos 2x}{2} + \frac{\cos 3x}{3} + \cdots \tag{14.1}$$

应当注意，当 $x = 2k\pi$ 时，等式(14.1)两边都变成无穷大. 于是在这种意义下，等式(14.1)可以认为对于一切 x 都成立.

在式(14.1),设 $x=\pi$,便得已知的等式

$$\ln 2 = 1 - \frac{1}{2} + \frac{1}{3} - \frac{1}{4} + \cdots$$

例 2　$f(x) = \ln\left|2\cos\frac{x}{2}\right|$. 这是奇函数,而且当 $x=(2k+1)\pi(k=0,\pm 1,\pm 2,\cdots)$ 时,变为负无穷大. 命 $x=t-\pi$,得

$$\ln\left|2\cos\frac{x}{2}\right| = \ln\left|2\cos\left(\frac{t}{2} - \frac{\pi}{2}\right)\right|$$
$$= \ln\left|2\sin\frac{t}{2}\right|$$

即是说函数 $\ln\left|2\cos\frac{x}{2}\right|$ 的图线,可以把 $\ln\left|2\sin\frac{x}{2}\right|$ 的图线移动 π 单位而得到. 要得到 $f(x)$ 的傅里叶级数的展式,只要在展式(参看式(14.1))

$$\ln\left|2\sin\frac{t}{2}\right| = -\cos t - \frac{\cos 2t}{2} - \frac{\cos 3t}{3} - \cdots$$

使用代换 $t=x+\pi$ 便可以了.

因此,当 $x \neq (2k+1)\pi(k=0,\pm 1,\pm 2,\cdots)$ 时,有

$$\ln\left|2\cos\frac{x}{2}\right| = \cos x - \frac{\cos 2x}{2} + \frac{\cos 3x}{3} - \cdots \tag{14.2}$$

又由于 $x=(2k+1)\pi$ 时,等式(14.2)两边都变为负无穷大,所以这个等式对于一切 x 都认为成立了.

第4章　系数递减的三角级数、某些级数求和法

§1　阿贝尔预备定理

这就是下面的预备定理,我们今后要用的.

设给出一个数项级数(实数项或复数项)

$$u_0 + u_1 + u_2 + \cdots + u_n + \cdots$$

它的部分和 σ_n 满足条件

$$|\sigma_n| \leqslant M \quad (M = 常数)$$

如果正数 $\alpha_0, \alpha_1, \alpha_2, \cdots, \alpha_n, \cdots$ 单调地趋于零,那么级数

$$\alpha_0 u_0 + \alpha_1 u_1 + \alpha_2 u_2 + \cdots + \alpha_n u_n + \cdots \tag{1.1}$$

收敛,而且它的和 s 适合不等式

$$|s| \leqslant M\alpha_0 \tag{1.2}$$

证　设

$$s_n = \alpha_0 u_0 + \alpha_1 u_1 + \cdots + \alpha_n u_n$$

因为

$$u_0 = \sigma_0, u_n = \sigma_n - \sigma_{n-1} (n = 2, 3, \cdots)$$

所以

$$s_n = \alpha_0 \sigma_0 + \alpha_1(\sigma_1 - \sigma_0) + \alpha_2(\sigma_2 - \sigma_1) + \cdots + \alpha_n(\sigma_n - \sigma_{n-1})$$

或

$$s_n = \sigma_0(\alpha_0 - \alpha_1) + \sigma_1(\alpha_1 - \alpha_2) + \cdots + \sigma_{n-1}(\alpha_{n-1} - \alpha_n) + \sigma_n \alpha_n$$

由此

$$s_n - \sigma_n \alpha_n = \sigma_0(\alpha_0 - \alpha_1) + \sigma_1(\alpha_1 - \alpha_2) + \cdots + \sigma_{n-1}(\alpha_{n-1} - \alpha_n) \tag{1.3}$$

考察级数

$$\sigma_0(\alpha_0 - \alpha_1) + \sigma_1(\alpha_1 - \alpha_2) + \cdots + \sigma_{n-1}(\alpha_{n-1} - \alpha_n) \tag{1.4}$$

这个级数是收敛的,因为它各项的绝对值,不超过下面非负项收敛级数的对应项

$$M(\alpha_0 - \alpha_1) + M(\alpha_1 - \alpha_2) + \cdots + M(\alpha_{n-1} - \alpha_n) + \cdots$$

$$= M(\alpha_0 - \alpha_1 + \alpha_1 - \alpha_2 + \cdots + \alpha_{n-1} - \alpha_n + \cdots) = M\alpha_0$$

等式(1.3)的右边是级数(1.4)的第 n 个部分和.因此当 $n \to \infty$ 时,它趋于一个确定的极限,而且这个极限的绝对值不超过 $M\alpha_0$ 这个数.既然如此,当 $n \to \infty$ 时,等式(1.3)左边的极限就存在了,而且

$$\left| \lim_{n \to \infty} (s_n - \sigma_n \alpha_n) \right| \leqslant M\alpha_0$$

又因为

$$|\sigma_n \alpha_n| \leqslant M\alpha_n$$

所以

$$\lim_{n \to \infty} \sigma_n \alpha_n = 0$$

因此极限

$$\lim_{n \to \infty} s_n = s$$

存在(这就是说,级数(1.1)收敛),而且 s 满足不等式(1.2).预备定理就证明了.

§2　正弦和式的公式、辅助不等式

我们来证明等式

$$\sin x + \sin 2x + \cdots + \sin nx = \frac{\cos \dfrac{x}{2} - \cos(n + \dfrac{1}{2})x}{2\sin \dfrac{x}{2}} \tag{2.1}$$

用 S 表示左边的和式.显然

$$2S\sin \frac{x}{2} = 2\sin x \sin \frac{x}{2} + 2\sin 2x \sin \frac{x}{2} + \cdots + 2\sin nx \sin \frac{x}{2}$$

利用公式

$$2\sin \alpha \sin \beta = \cos(\alpha - \beta) - \cos(\alpha + \beta)$$

就可得到

$$2S\sin \frac{x}{2} = \left(\cos \frac{x}{2} - \cos \frac{3}{2}x \right) +$$

$$\left(\cos \frac{3}{2}x - \cos \frac{5}{2}x \right) + \cdots +$$

$$\left(\cos(n - \frac{1}{2})x - \cos(n + \frac{1}{2})x \right)$$

$$= \cos \frac{x}{2} - \cos(n + \frac{1}{2})x$$

由此

$$S = \frac{\cos \dfrac{x}{2} - \cos(n + \dfrac{1}{2})x}{2\sin \dfrac{x}{2}}$$

这就证明了等式(2.1).

因为对于 $x \neq 2k\pi(k = 0, \pm 1, \pm 2, \cdots)$,显然有

$$\left| \frac{\cos \dfrac{x}{2} - \cos(n + \dfrac{1}{2})x}{2\sin \dfrac{x}{2}} \right| \leqslant \frac{\left| \cos \dfrac{x}{2} \right| + \left| \cos(n + \dfrac{1}{2})x \right|}{\left| 2\sin \dfrac{x}{2} \right|} < \frac{1}{\left| \sin \dfrac{x}{2} \right|}$$

那么我们就得到不等式

$$\left| \sum_{k=1}^{n} \sin kx \right| \leqslant \frac{1}{\left| \sin \dfrac{x}{2} \right|} \tag{2.2}$$

$(x \neq 2k\pi(k = 0, \pm 1, \pm 2, \cdots))$,这表示对于每个 x 的确定值,正弦和式有界(当 $x = 2k\pi$ 时,和式显然等于零,也就是有界).

回顾公式(第 3 章 §3)

$$\frac{1}{2} + \cos x + \cos 2x + \cdots + \cos nx = \frac{\sin\left(n + \dfrac{1}{2}\right)x}{2\sin \dfrac{x}{2}}$$

就立刻可以得到:当 $x \neq 2k\pi(k = 0, \pm 1, \pm 2, \cdots)$ 时

$$\left| \frac{1}{2} + \sum_{k=1}^{n} \cos kx \right| \leqslant \frac{1}{\left| 2\sin \dfrac{x}{2} \right|} \tag{2.3}$$

(当 $x = 2k\pi$ 时,和式的值显然是 $n + \dfrac{1}{2}$,因此不是有界的).

§3　系数单调递减的三角级数的收敛性

考察两个三角级数

$$\frac{a_0}{2} + \sum_{n=1}^{\infty} a_n \cos nx \tag{3.1}$$

$$\sum_{n=1}^{\infty} b_n \sin nx \tag{3.2}$$

事先甚至不假定它们是什么函数的傅里叶级数.

定理 1　如果系数 a_n, b_n 是正的,而非递增的数,且当 $n \to \infty$ 时趋于零,那么级数(3.1)和(3.2),对于任意的 x(级数(3.1)要除去 $x = 2k\pi(k = 0, \pm 1, \pm 2, \cdots)$)都收敛.

如果系数 a_n 和 b_n 所构成的级数收敛,这个定理可以由第 3 章 §10 证得.对于一般情况,让我们考察级数

$$\frac{1}{2} + \cos x + \cos 2x + \cdots + \cos nx + \cdots \tag{3.3}$$

它的部分和 $\sigma_n(x)$ 对于每个不等于 $2k\pi$ 的 x 都是有界的.要证明定理中关于级数(3.1)的部分,只要应用阿贝尔预备定理就可以了.

由于式(2.2),关于级数(3.2)的推理也没有什么两样.

附注　如果系数非递增这一要求,不是对于一切的 n,而是由某个 n 起,所证的定理 1 当然还是对的,即使对于下面的定理也是一样.特别说来,在前几个系数等于零的情况下,定理也是正确的.于是级数

$$\sum_{n=2}^{\infty} \frac{\cos nx}{\ln n}$$

对于 $x \neq 2k\pi$ 是收敛的.当 $x = 2k\pi$ 时,级数变为

$$\sum_{n=2}^{\infty} \frac{1}{\ln n}$$

因此是发散的.

我们来把定理 1 说得更确切些.

定理 2　如果系数 a_n, b_n 是非递增的正数,且当 $n \to \infty$ 时趋于零,那么级数(3.1)和(3.2),在任意一个不含形如 $x = 2k\pi(k = 0, \pm 1, \pm 2, \cdots)$ 的点的区间 $[a, b]$ 上,是均匀收敛的.

实际上,如果系数 a_n, b_n 所构成的级数收敛,那么由第 3 章 §10 可知,此收敛是均匀的.在一般情况下,因为级数(3.1)和(3.2)的和式是周期函数,所以只要对于包含在区间 $[0, 2\pi]$ 内的一切区间 $[a, b]$ 证明这个定理就够了.对于这两个级数,定理的证明是一样的,所以我们只限于讨论级数(3.1).

设任意给出实数 $\varepsilon > 0$.对于 $a \leqslant x \leqslant b$ 考察级数(3.1)的余和

$$s(x) - s_n(x) = a_{n+1}\cos(n+1)x +$$

$$a_{n+2}\cos(n+2)x+\cdots \tag{3.4}$$

并应用阿贝尔预备定理. 为此, 设

$$\tau_m(x)=\sigma_{n+m}(x)-\sigma_n(x)$$

其中 $\sigma_n(x)$ 和 $\sigma_{n+m}(x)$ 是级数 (3.3) 的部分和.

于是, 由于式 (2.3)

$$|\tau_m(x)|\leqslant|\sigma_{n+m}(x)|+|\sigma_n(x)|\leqslant\dfrac{1}{\sin\dfrac{x}{2}}$$

因为 $0<a\leqslant x\leqslant b<2\pi$, 所以

$$\sin\dfrac{x}{2}\geqslant\mu>0$$

其中 μ 是 $\sin\dfrac{a}{2}$ 和 $\sin\dfrac{b}{2}$ 两数中较小的数 (图1).

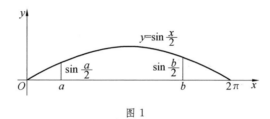

图 1

因此, 设 $M=\dfrac{1}{\mu}$, 则对于区间 $[a,b]$ 的一切 x, 有

$$|\tau_m(x)|\leqslant M=常数$$

这样一来, 对于 $a_{n+1},a_{n+2},\cdots,a_{n+m},\cdots$ 各数与级数 (3.4), 应用阿贝尔预备定理便得: 对于区间 $[a,b]$ 的任一个 x, 有

$$|s(x)-s_n(x)|\leqslant Ma_{n+1}$$

因为当 $n\to\infty$ 时, $a_n\to 0$, 所以对于一切足够大的 n, 有

$$Ma_{n+1}\leqslant\varepsilon$$

换句话说, 对于一切足够大的 n, 以及对于区间 $[a,b]$ 的任一个 x, 不等式

$$|s(x)-s_n(x)|\leqslant\varepsilon$$

成立, 这就表示级数 (3.1) 是均匀收敛的.

由定理 1, 2 立刻可以得到:

定理 3 如果系数 a_n 和 b_n 是正的、非递增的, 而且当 $n\to\infty$ 时趋于零, 那么周期是 2π 的函数

$$f(x) = \frac{a_0}{2} + \sum_{n=1}^{\infty} a_n \cos nx$$

$$g(x) = \sum_{n=1}^{\infty} b_n \sin nx$$

对于一切 x，可能除开 $x = 2k\pi (k = 0, \pm 1, \pm 2, \cdots)$ 之外，是连续的.

实际上，如果由系数 a_n 和 b_n 所构成的级数收敛，那么由第 3 章 §10 就可得到这个定理. 在一般情况下，任意点 $x_0 \neq 2k\pi$ 可以包含在某个不含有形如 $x = 2k\pi$ 的点的区间 $[a, b]$ 内，在这个区间上级数的收敛性（由于定理 2）是均匀的，就是说它们的和是连续函数（参看第 2 章 §4）. 特别说来，它们在 $x = x_0$ 处连续. 因为 x_0 是任意一个异于形如 $2k\pi$ 的点，于是定理就得以证明了.

为了说明起见，可以考察我们已知的展式

$$f(x) = -\ln \left| 2\sin \frac{x}{2} \right| = \sum_{n=1}^{\infty} \frac{\cos nx}{n}$$

$$g(x) = \frac{\pi - x}{2} = \sum_{n=1}^{\infty} \frac{\sin nx}{n} \quad (0 < x < 2\pi)$$

（参看第 3 章 §14 例 1 和第 2 章中等式（13.7））. 第 3 章图 8 显示 $f(x)$ 的图形，图 2 显示 $g(x)$ 和它的周期延续的图形.

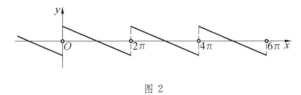

图 2

§4　§3 中定理的一些推论

我们来指出 §3 中所证定理的几个有用的推论.

定理 1　如果系数 a_n 及 b_n 是正的、非递增的，而且当 $n \to \infty$ 时趋于零，那么级数

$$\frac{a_0}{2} + \sum_{n=1}^{\infty} (-1)^n a_n \cos nx \tag{4.1}$$

$$\sum_{n=1}^{\infty} (-1)^n b_n \sin nx \tag{4.2}$$

具有下列的性质：

(1) 这两个级数对于一切 x 的值都是收敛的,但对于级数(4.1)可能要除去

$$x = (2k+1)\pi \quad (k = 0, \pm 1, \pm 2, \cdots)$$

的值.

(2) 在不包含上述点的整个区间 $[a,b]$ 上,级数的收敛是均匀的.

(3) 除了上述各个点 x 以外,级数的和式处处连续.

实际上,在级数(3.1)和(3.2)中,设 $x = t - \pi$,便得到级数

$$\frac{a_0}{2} + \sum_{n=1}^{\infty} a_n \cos n(t-\pi)$$

$$= \frac{a_0}{2} + \sum_{n=1}^{\infty} a_n [\cos n\pi \cos nt + \sin n\pi \sin nt]$$

$$= \frac{a_0}{2} - a_1 \cos t + a_2 \cos 2t - a_3 \cos 3t + \cdots$$

$$\sum_{n=1}^{\infty} b_n \sin n(t-\pi) = \sum_{n=1}^{\infty} b_n [\cos n\pi \sin nt - \sin n\pi \cos nt]$$

$$= -b_1 \sin t + b_2 \sin 2t - b_3 \sin 3t + \cdots$$

我们得到了交错级数,对于交错级数 §3 中的定理 1,2,3 还是对的,只需添上以 $t = \pi + 2k\pi = (2k+1)\pi$ 来代替点 $x = 2k\pi$ 的这样一个附加条件. 由此得到定理 1.

如果在级数(4.1)和(4.2)中,把 $(-1)^n$ 换成 $(-1)^{n+1}$,定理 2 显然还是对的.

我们已知的展式

$$\ln \left| 2\cos \frac{x}{2} \right| = \cos x - \frac{\cos 2x}{2} + \frac{\cos 3x}{3} - \cdots$$

$$\frac{x}{2} = \sin x - \frac{\sin 2x}{2} + \frac{\sin 3x}{3} - \cdots \quad -\pi < x < \pi$$

可以用作定理 1 的例证(参考第 3 章 §14 的例 2 和第 2 章的等式(13.9)).

所证得的定理还可推广.

实际上,让我们考察像下面这样子的级数

$$\begin{cases} a_1 \cos px + a_2 \cos(p+m)x + a_3 \cos(p+2m)x + \cdots + \\ \quad a_{n+1} \cos(p+nm)x + \cdots \\ b_1 \sin px + b_2 \sin(p+m)x + b_3 \sin(p+2m)x + \cdots + \\ \quad b_{n+1} \sin(p+nm)x + \cdots \end{cases} \quad (4.3)$$

其中 p 和 m 是任意实数,系数 a_n 和 b_n 是非递增的,而且趋于零的正数.

在这两个级数中,x 的系数构成以 m 为公差的等差级数.

下列两个级数可以作为这种级数的例子

$$\cos x + \frac{\cos 5x}{2} + \frac{\cos 9x}{3} + \frac{\cos 13x}{4} + \cdots \tag{4.4}$$

（这里 $p=1, m=4$）

$$\frac{\sin 2x}{\ln 2} + \frac{\sin 5x}{\ln 3} + \frac{\sin 8x}{\ln 4} + \frac{\sin 11x}{\ln 5} + \cdots$$

（这里 $p=2, m=3$）.

注意到

$$\cos(p+nm)x = \cos px \cos nmx - \sin px \sin nmx$$

$$\sin(p+nm)x = \sin px \cos nmx + \cos px \sin nmx$$

式（4.3）又可写成

$$\cos px \sum_{n=0}^{\infty} a_{n+1} \cos nmx - \sin px \sum_{n=0}^{\infty} a_{n+1} \sin nmx$$

$$\sin px \sum_{n=0}^{\infty} b_{n+1} \cos nmx + \cos px \sum_{n=0}^{\infty} a_{n+1} \sin nmx$$

要是在这里命 $mx=t$ 或 $x=\dfrac{t}{m}$，便可得到

$$\cos \frac{pt}{m} \sum_{n=0}^{\infty} a_{n+1} \cos nt - \sin \frac{pt}{m} \sum_{n=0}^{\infty} a_{n+1} \sin nt$$

$$\sin \frac{pt}{m} \sum_{n=0}^{\infty} b_{n+1} \cos nt - \cos \frac{pt}{m} \sum_{n=0}^{\infty} b_{n+1} \sin nt \tag{4.5}$$

把 §3 的定理 1,2,3 应用到这里出现的四个级数上去. 由此可知, 对于任意的 p：(1) 级数（4.5）是收敛的, 而且对于一切的 t, 可能除开了像 $t=2k\pi$ 的一些值外, 具有连续的和式；(2) 在所有不含上述诸值的区间上, 级数的收敛是均匀的. 要是回到变量 x, 便得:

定理 2　如果系数 a_n, b_n 是非递增的正数, 当 $n \to \infty$ 时趋于零, 那么级数（4.3）是收敛的, 而且对于一切 x 的值, 可能除去 $x=\dfrac{2k\pi}{m}(k=0, \pm 1, \pm 2, \cdots)$, 级数具有连续的和式, 而在不含所指出各点的一切区间上, 级数的收敛是均匀的.

于是对于级数（4.4）中的第一个级数, 所提出的"例外"值将是 $x=\dfrac{2k\pi}{4}=\dfrac{k\pi}{2}$, 对于第二个则是 $x=\dfrac{2k\pi}{3}$.

用得到定理 2 类似的方法, 可以得到:

定理 3　如果系数 a_n, b_n 是非递增的正数, 当 $n \to \infty$ 时趋于零, 那么像下面的

级数

$$a_1 \cos px - a_2 \cos(p+m)x + a_3 \cos(p+2m)x - \cdots$$

$$b_1 \sin px - b_2 \sin(p+m)x + b_3 \sin(p+2m)x - \cdots$$

一定收敛，而且对于一切的 x，可能除开 $x = \dfrac{(2k+1)\pi}{m}(k=0,\pm 1,\pm 2,\cdots)$，具有连续的和式，而在不含上述诸值的一切区间上，级数的收敛是均匀的.

下面的命题在应用上常是有用的，我们只提出来，不加证明.

定理 4   在上面定理的条件下，如果级数

$$\sum_{n=1}^{\infty} \frac{a_n}{n}, \sum_{n=1}^{\infty} \frac{b_n}{n}$$

收敛，那么对应的三角级数便确定一个绝对可积函数（因此就是它的傅里叶级数 —— 参看第 2 章 §6 定理 2）.

§5   复变函数对于一些三角级数求和法的应用

设 $F(z)$ 是复变量 $z = x + \mathrm{i}y$ 的解析（可微分）函数，对于 $|z| \leqslant 1$ 没有奇点[①]. 在这个条件下，对于 $|z| \leqslant 1$（即在复变平面上，以 O 为心的单位圆域上），函数 $F(z)$ 可以展成幂级数

$$F(z) = c_0 + c_1 z + c_2 z^2 + \cdots + c_n z^n + \cdots \tag{5.1}$$

假定这个级数的系数是实数. 设 $z = \mathrm{e}^{\mathrm{i}x}$. 这时等式 (5.1) 还是成立时，因为 $|\mathrm{e}^{\mathrm{i}x}| = |\cos x + \mathrm{i}\sin x| = \sqrt{\cos^2 x + \sin^2 x} = 1$. 这样一来，对于任意的 x 便有

$$
\begin{aligned}
F(\mathrm{e}^{\mathrm{i}x}) &= c_0 + c_1 \mathrm{e}^{\mathrm{i}x} + c_2 \mathrm{e}^{\mathrm{i}2x} + \cdots + c_n \mathrm{e}^{\mathrm{i}nx} + \cdots \\
&= c_0 + c_1(\cos x + \mathrm{i}\sin x) + c_2(\cos 2x + \mathrm{i}\sin 2x) + \cdots + \\
&\quad c_n(\cos nx + \mathrm{i}\sin nx) + \cdots \\
&= (c_0 + c_1\cos x + c_2\cos 2x + \cdots + c_n\cos nx + \cdots) + \mathrm{i}(c_1\sin x + \\
&\quad c_2\sin 2x + \cdots + c_n\sin nx + \cdots)
\end{aligned}
\tag{5.2}
$$

把 $F(\mathrm{e}^{\mathrm{i}x})$ 的表达式的实虚两部分开，即把 $F(\mathrm{e}^{\mathrm{i}x})$ 表示成

$$F(\mathrm{e}^{\mathrm{i}x}) = f(x) + \mathrm{i}g(x)$$

---

①   点 z 叫作 $F(z)$ 的奇点，如复变平面上不存在以这个点为圆心的圆（即使半径很小），在其内 $F(z)$ 是解析的.

的形状,其中 $f(x)$ 和 $g(x)$ 是实函数. 由式(5.2)显然有

$$f(x) = c_0 + c_1 \cos x + c_2 \cos 2x + \cdots + c_n \cos nx + \cdots$$

$$g(x) = c_1 \sin x + c_2 \sin 2x + \cdots + c_n \sin nx + \cdots$$

这些事实可以利用来得到一些三角级数的和式.

例 1　我们知道,对于一切的 z

$$e^z = 1 + z + \frac{z^2}{2!} + \cdots + \frac{z^n}{n!} + \cdots$$

于是由式(5.2)可知

$$e^{ix} = \left(1 + \cos x + \frac{\cos 2x}{2!} + \cdots + \frac{\cos nx}{n!} + \cdots\right) +$$

$$i\left(\sin x + \frac{\sin 2x}{2!} + \cdots + \frac{\sin nx}{n!} + \cdots\right)$$

但是

$$e^{ia} = e^{\cos x + i\sin x} = e^{\cos x} \cdot e^{i\sin x}$$

$$= e^{\cos x}[\cos(\sin x) + i\sin(\sin x)]$$

因此

$$e^{\cos x}\cos(\sin x) = 1 + \cos x + \frac{\cos 2x}{2!} + \cdots + \frac{\cos nx}{n!} + \cdots$$

$$e^{\cos x}\sin(\sin x) = \sin x + \frac{\sin 2x}{2!} + \cdots + \frac{\sin nx}{n!} + \cdots$$

在这个例里,我们从一个已给的复变函数出发,得到了实虚两部分的三角级数展开式. 换句话说,我们用新方法(比较第 2,3 两章)解决了函数展成三角级数的问题. 同时在这一节开始时所说的想法,在级数的情况下,能够用来解决给出三角级数求和的反面问题.

实际上,设给出收敛级数

$$c_0 + c_1 \cos x + c_2 \cos 2x + \cdots + c_n \cos nx + \cdots$$

$$c_1 \sin x + c_2 \sin 2x + \cdots + c_n \sin nx + \cdots$$

用它们作成复数项级数

$$(c_0 + c_1 \cos x + c_2 \cos 2x + \cdots) + i(c_1 \sin x + c_2 \sin 2x + \cdots)$$

$$= c_0 + c_1(\cos x + i\sin x) + c_2(\cos 2x + i\sin 2x) + \cdots$$

$$= c_0 + c_1 e^{ix} + c_2 e^{i2x} + \cdots$$

在这里把 e^{ix} 记成 z,便得幂级数

$$c_0 + c_1 z + c_2 z^2 + \cdots$$

如果对于所考虑的 z 值，知道级数的和 $F(z)$，那么，设

$$F(e^{ix}) = f(x) + ig(x)$$

就显然有

$$f(x) = c_0 + c_1 \cos x + c_2 \cos 2x + \cdots$$
$$g(x) = c_1 \sin x + c_2 \sin 2x + \cdots$$

例 2　求下列级数的和

$$\begin{cases} 1 + \dfrac{\cos x}{p} + \dfrac{\cos 2x}{p^2} + \cdots + \dfrac{\cos nx}{p^n} + \cdots \\[2mm] \dfrac{\sin x}{p} + \dfrac{\sin 2x}{p^2} + \cdots + \dfrac{\sin nx}{p^n} + \cdots \end{cases} \tag{5.3}$$

其中 p 是绝对值不大于 1 的实常数.

级数 (5.3) 对于一切的 x 收敛. 考察

$$\left(1 + \frac{\cos x}{p} + \frac{\cos 2x}{p^2} + \cdots \right) + i \left(\frac{\sin x}{p} + \frac{\sin 2x}{p^2} + \cdots \right)$$

$$= 1 + \frac{e^{ix}}{p} + \frac{e^{2ix}}{p^2} + \cdots$$

但是左边的级数是等比级数（对于 $\left| \dfrac{z}{p} \right| < 1$ 收敛），故

$$1 + \frac{z}{p} + \frac{z^2}{p^2} + \cdots = \frac{1}{1 - \dfrac{z}{p}} = \frac{p}{p - z} = F(z)$$

所以

$$F(e^{ix}) = \frac{p}{p - e^{ix}} = \frac{p}{(p - \cos x) - i\sin x}$$

$$= p \, \frac{(p - \cos x) + i\sin x}{(p - \cos x)^2 + \sin^2 x}$$

$$= p \, \frac{(p - \cos x) + i\sin x}{p^2 - 2p\cos x + 1}$$

而对于一切 x 我们得到

$$\frac{p(p - \cos x)}{p^2 - 2p\cos x + 1} = 1 + \frac{\cos x}{p} + \frac{\cos 2x}{p^2} + \cdots + \frac{\cos nx}{p^n} + \cdots$$

$$\frac{p\sin x}{p^2 - 2p\cos x + 1} = \frac{\sin x}{p} + \frac{\sin 2x}{p^2} + \cdots + \frac{\sin nx}{p^n} + \cdots$$

§6　§5 中结果的严格讨论

§5 开始时,我们假设对于 $|z| \leqslant 1$,$F(z)$ 没有奇点.现在假设只当 $|z| < 1$ 时,没有奇点,而当 $|z| = 1$ 时,即用几何的话来说,在以 O 为圆心的单位圆周 C 上,也有奇点,也有常点.

对于 $|z| < 1$,展式(5.1)仍旧成立.不但如此,在圆周 C 上的每一个常点处,只要展式(5.1)右边的级数收敛,等式(5.1)成立.

我们对于不知道这件事的读者,引进一个证明.我们需要下面的预备定理.

预备定理　设级数(实数项或复数项)

$$u_0 + u_1 + u_2 + \cdots + u_n + \cdots \tag{6.1}$$

收敛,则级数

$$u_0 + u_1 r + u_2 r^2 + \cdots + u_n r^n + \cdots \tag{6.2}$$

对于 $0 \leqslant r \leqslant 1$ 收敛,而且它的和 $\sigma(r)$ 在这个区间上是连续的.

证　设

$$\sigma = u_0 + u_1 + u_2 + \cdots + u_n + \cdots$$

对于每一个 $\varepsilon > 0$,存在着指标 N,当 $n \geqslant N$ 时,有

$$|\sigma - \sigma_n| \leqslant \frac{\varepsilon}{2} \tag{6.3}$$

(σ_n 是级数(6.1)的部分和).考察级数(5.1)的余和

$$R_n = \sigma - \sigma_n = u_{n+1} + u_{n+2} + \cdots \tag{6.4}$$

以及它的部分和

$$u_{n+1} + u_{n+2} + \cdots + u_{n+m} \quad (m = 1, 2, \cdots)$$

由于式(6.3),显然有

$$|u_{n+1} + u_{n+2} + \cdots + u_{n+m}| = |R_n - R_{n+m}|$$
$$\leqslant |R_n| + |R_{n+m}| \leqslant \varepsilon$$

这样,级数(6.4)的部分和,以及它的和,绝对值都被 ε 所界.

因为

$$r^{n+1}, r^{n+2}, \cdots$$

诸数的指数增大,而数值不增,而且对于每个 $r(0 \leqslant r < 1)$ 的值趋于零,所以把阿贝尔预备定理用到级数

$$R_n(r) = u_{n+1} r^{n+1} + u_{n+2} r^{n+2} + \cdots$$

上,就可以知道这个级数收敛,也就是级数(6.2)收敛,并可得不等式

$$| R_n(r) | \leqslant \varepsilon r^{n+1} \leqslant \varepsilon \quad (0 \leqslant r < 1)$$

命 $\sigma_n(r)$ 表示级数(6.2)的部分和,便得

$$| \sigma(r) - \sigma_n(r) | = | R_n(r) | \leqslant \varepsilon \tag{6.5}$$

$0 \leqslant r < 1$. 如果注意到 $\sigma(1) = \sigma, \sigma_n(1) = \sigma_n$,根据式(6.3)就可肯定等式(6.5)在区间 $0 \leqslant r \leqslant 1$ 上,处处成立. 这表示级数(6.2)在这个区间上均匀收敛. 因此就引出函数 $\sigma(r)(0 \leqslant r \leqslant 1)$ 的连续性. 预备定理就证明了.

要证明上述的命题,设级数

$$c_0 + c_1 z + c_2 z^2 + \cdots + c_n z^n + \cdots$$

在圆周 C 上的一点 z 处收敛. 由证得的预备定理可知,函数

$$c_0 + c_1 r z + c_2 r^2 z^2 + \cdots + c_n r^n z^n + \cdots$$

对于 $r(0 \leqslant r \leqslant 1)$ 连续,因此

$$\lim_{\substack{r \to 1 \\ r < 1}} F(rz) = \lim_{\substack{r \to 1 \\ r < 1}} (c_0 + c_1 r z + c_2 r^2 z^2 + \cdots)$$

$$= c_0 + c_1 z + c_2 z^2 + \cdots \tag{6.6}$$

另外,因为点 z 是常点,所以 $F(z)$ 在这一点处连续,因此

$$\lim_{\substack{r \to 1 \\ r < 1}} F(rz) = F(z) \tag{6.7}$$

这是因为当 $r \to 1$ 时, $rz \to z$.

比较式(6.6)和(6.7),便得

$$F(z) = c_0 + c_1 z + c_2 z^2 + \cdots + c_n z^n + \cdots$$

这就是要证明的.

所证的事肯定了§5中,对于级数(5.1)在此收敛的常点 $z = e^{ix}$(这点在 C 上,因 $| e^{ix} | = 1$)的结论的正确性.

为了说明以上各点,让我们看一些例子.

例 1 我们知道

$$\ln(1 + z) = z - \frac{z^2}{2} + \frac{z^3}{3} - \frac{z^4}{4} + \cdots$$

$| z | < 1$,并且除掉点 $z = -1$,即除掉 $z = e^{(2k+1)\pi i}$ 外,函数 $\ln(1 + z)$ 在圆周 C 上的一切点处是解析的. 根据式(5.2),对于 $z = e^{ix}$(其中 $x \neq (2k+1)\pi$)有

$$\ln(1 + e^{ix}) = \left(\cos x - \frac{\cos 2x}{2} + \frac{\cos 3x}{3} - \cdots \right) +$$

$$i\left(\sin x - \frac{\sin 2x}{2} + \frac{\sin 3x}{3} - \cdots\right) \tag{6.8}$$

并且我们有权利这样来写这个等式,因为右边的级数,对于我们要考虑的 x,事实上是收敛的(参看 §4 定理 1).

另外,对于 $-\pi < x < \pi$,显然有

$$1 + e^{ix} = (1 + \cos x) + i\sin x$$

$$= 2\cos^2 \frac{x}{2} + i \cdot 2\sin \frac{x}{2} \cos \frac{x}{2}$$

$$= 2\cos \frac{x}{2}\left(\cos \frac{x}{2} + i\sin \frac{x}{2}\right)$$

因此,对于 $-\pi < x < \pi$,有

$$\ln(1 + e^{ix}) = \ln 2\cos \frac{x}{2} + i\frac{x}{2} \text{①}$$

于是由式(6.8)可知,对于这些 x,有

$$\begin{cases} \ln\left(2\cos \dfrac{x}{2}\right) = \cos x - \dfrac{\cos 2x}{2} + \dfrac{\cos 3x}{3} - \cdots \\ \dfrac{x}{2} = \sin x - \dfrac{\sin 2x}{2} + \dfrac{\sin 3x}{3} - \cdots \end{cases} \tag{6.9}$$

我们便得到了已知的展式(参看第 3 章 §14 例 2 和第 2 章 §13 的式(13.9)).

用类似的方法,同样可以求出我们已经见过的下列展式:对于 $0 < x < 2\pi$

$$\begin{cases} -\ln\left(2\sin \dfrac{x}{2}\right) = \cos x + \dfrac{\cos 2x}{2} + \dfrac{\cos 3x}{3} + \cdots \\ \dfrac{\pi - x}{2} = \sin x + \dfrac{\sin 2x}{2} + \dfrac{\sin 3x}{3} + \cdots \end{cases} \tag{6.10}$$

这时要由函数

$$\ln \frac{1}{1-z} = -\ln(1-z) = z + \frac{z^2}{2} + \frac{z^3}{3} + \cdots \quad (z \neq 1)$$

出发,对于它,有

$$f(x) = -\ln 2\sin \frac{x}{2}, g(x) = \frac{\pi - x}{2} \quad (0 < x < 2\pi)$$

可是从式(6.9),用代换 $x = t - \pi$,得到式(6.10)就简单得多了.

---

① 利用对数的已知性质:若 $z = \rho e^{i\theta}$,$-\pi < \theta < \pi$,则 $\ln z = \ln \rho + i\theta$. 在这里的情况

$$\rho = 2\cos \frac{x}{2}, \theta = \frac{x}{2}$$

例 2 求级数

$$\frac{\cos 2x}{1 \cdot 2} + \frac{\cos 3x}{2 \cdot 3} + \cdots + \frac{\cos(n+1)x}{n(n+1)} + \cdots$$

$$\frac{\sin 2x}{1 \cdot 2} + \frac{\sin 3x}{2 \cdot 3} + \cdots + \frac{\sin(n+1)x}{n(n+1)} + \cdots$$

的和.

这两个级数对于一切的 x 都收敛. 让我们考察

$$\left(\frac{\cos 2x}{1 \cdot 2} + \frac{\cos 3x}{2 \cdot 3} + \cdots \right) + \mathrm{i} \left(\frac{\sin 2x}{1 \cdot 2} + \frac{\sin 3x}{2 \cdot 3} + \cdots \right)$$

$$= \frac{\mathrm{e}^{2\mathrm{i}x}}{1 \cdot 2} + \frac{\mathrm{e}^{3\mathrm{i}x}}{2 \cdot 3} + \cdots + \frac{\mathrm{e}^{(n+1)\mathrm{i}x}}{n(n+1)} + \cdots$$

由恒等式

$$\frac{1}{n(n+1)} = \frac{1}{n} - \frac{1}{n+1}$$

可知, 对于满足条件 $|z| \leqslant 1, z \neq 1$ 的一切 z, 有(参看例 1)

$$\frac{z^2}{1 \cdot 2} + \frac{z^3}{2 \cdot 3} + \cdots + \frac{z^{n+1}}{n(n+1)} + \cdots$$

$$= \left(z^2 + \frac{z^3}{2} + \cdots + \frac{z^{n+1}}{n} + \cdots \right) -$$

$$\left(\frac{z^2}{2} + \frac{z^3}{3} + \cdots + \frac{z^{n+1}}{n+1} + \cdots \right)$$

$$= -z\ln(1-z) + \ln(1-z) + z$$

$$= (1-z)\ln(1-z) + z = F(z)$$

因此, 当 $0 < x < 2\pi$ 时, 有(参看例 1)

$$F(\mathrm{e}^{\mathrm{i}x}) = (1 - \mathrm{e}^{\mathrm{i}x})\ln(1 - \mathrm{e}^{\mathrm{i}x}) + \mathrm{e}^{\mathrm{i}x}$$

$$= \left[(1 - \cos x) - \mathrm{i}\sin x \right] \cdot \left(\ln 2\sin \frac{x}{2} - \mathrm{i}\frac{\pi - x}{2} \right) + (\cos x + \mathrm{i}\sin x)$$

$$= \left[(1 - \cos x) \cdot \ln 2\sin \frac{x}{2} - \frac{\pi - x}{2}\sin x + \cos x \right] +$$

$$\mathrm{i}\left[\frac{\pi - x}{2}(\cos x - 1) - \sin x \cdot \ln 2\sin \frac{x}{2} + \sin x \right]$$

所以

$$(1 - \cos x)\ln 2\sin \frac{x}{2} - \frac{\pi - x}{2}\sin x + \cos x$$

$$= \frac{\cos 2x}{1 \cdot 2} + \frac{\cos 3x}{2 \cdot 3} + \cdots$$

$$\frac{\pi - x}{2}(\cos x - 1) - \sin x \ln 2\sin \frac{x}{2} + \sin x$$

$$= \frac{\sin 2x}{1 \cdot 2} + \frac{\sin 3x}{2 \cdot 3} + \cdots$$

第 5 章　三角函数系的完备性、傅里叶级数的运算

§1　用三角多项式近似表示函数

在第 3 章中,对于周期是 2π 的连续函数(也有不连续的),我们建立了能把它们表示成三角和式的一些条件.可是,会不会只是由于推演方法的不完备,而使我们对于任意的连续函数不能这样做呢? 换句话说,会不会有更完备的推演,就可以使我们证明任意连续函数的傅里叶级数收敛于它本身呢? 这样是不会的,因为连续函数具有发散的傅里叶级数是有例子的.

让我们走另外的路子,走函数近似表示的路子,便立刻会得到下面这个有名的结果.

定理　设 $f(x)$ 是周期为 2π 连续函数.那么,对于任意的 $\varepsilon > 0$,存在着三角多项式

$$\sigma_n(x) = \alpha_0 + \sum_{k=1}^{n} (\alpha_k \cos kx + \beta_k \sin kx) \tag{1.1}$$

对于任意的 x,都有

$$| f(x) - \sigma_n(x) | \leqslant \varepsilon$$

证　考察在区间 $[-\pi, \pi]$ 上的函数 $y = f(x)$ 的图线.把这个区间,用一些像

$$x_0 = -\pi < x_1 < x_2 < \cdots < x_{m-1} < x_m = \pi$$

的点来分成子区间,并且做一个连续函数 $g(x)$,使 $g(x_k) = f(x_k) (k = 0, 1, 2, \cdots, m)$,而在每个区间 $[x_{k-1}, x_k]$ 上是线性函数.函数 $y = g(x)$ 的图线是一条折线,顶点在曲线 $y = f(x)$ 上(图 1).

区间 $[-\pi, \pi]$ 的各部分,可以分成如此之小,使区间 $[-\pi, \pi]$ 的任意的 x 都适合不等式

$$| f(x) - g(x) | \leqslant \frac{\varepsilon}{2} \tag{1.2}$$

函数 $g(x)$ 可以按周期延续到全部 Ox 轴上.于是条件 (1.2) 对于延续后的 $g(x)$,显然是成立的,并且这个函数在全部 Ox 轴上是连续且逐段滑溜的.我们写

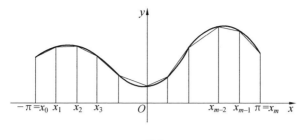

图 1

出函数 $g(x)$ 的傅里叶级数. 根据第 3 章 §10 的定理 2,这个级数均匀收敛于 $g(x)$.
于是对于足够大的 n,有

$$| g(x) - \sigma_n(x) | \leqslant \frac{\varepsilon}{2} \qquad (1.3)$$

(x 是任意的),其中 $\sigma_n(x)$ 表示函数 $g(x)$ 的傅里叶级数的第 n 个部分和.

设 n 是使式(1.3)成立的一个下标,由式(1.2)和(1.3)可知,无论 x 是什么值,
都有

$$
\begin{aligned}
| f(x) - \sigma_n(x) | &= | (f(x) - g(x)) + (g(x) - \sigma_n(x)) | \\
&\leqslant | f(x) - g(x) | + | g(x) - \sigma_n(x) | \\
&\leqslant \varepsilon
\end{aligned}
$$

这就证明了定理.

注意所证定理的一些推论:

推论 1　如果 $f(x)$ 在区间 $[a, a+2\pi]$ 上连续,而且 $f(a) = f(a+2\pi)$,那么对
于任意的 $\varepsilon > 0$,存在着像式(1.1)的三角多项式,对于区间 $[a, a+2\pi]$ 内的任意的
x,都有

$$| f(x) - \sigma_n(x) | \leqslant \varepsilon \qquad (1.4)$$

要证实这一点,只要把 $f(x)$ 按周期延续到全部 Ox 轴上(由于条件 $f(a) =
f(a+2\pi)$,延续了之后还是连续的),并且把定理用到延续了的函数上面来.

推论 2　如果 $f(x)$ 在一个长度小于 2π 的区间上连续,那么对于任意的 $\varepsilon > 0$,
存在着形如式(1.1)的三角多项式,对于区间 $[a, b]$ 内的任意的 x,都有

$$| f(x) - \sigma_n(x) | \leqslant \varepsilon$$

实际上,把 $f(x)$ 由区间 $[a, b]$ 延续到区间 $[a, a+2\pi]$ 来,使函数的连续性得以
保持,而且使等式 $f(a) = f(a+2\pi)$ 对于延续了的函数成立. 要做到这一点,只要,
比如,设 $f(a+2\pi) = f(a)$ 并在区间 $[b, a+2\pi]$ 上取线性函数就可以了(图 2). 对于

这样延续了的函数,推论 1 就可应用,根据该推论,可知等式(1.4)对线段$[a,a+2\pi]$上的所有 x,特别是对于$[a,b]$上的所有 x,都成立.

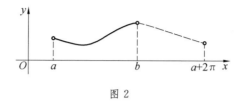

图 2

所证的事,可以简述如下:

在定理(或是它的推论)所规定的条件下,函数 $f(x)$ 可以用形如式(1.1)的三角多项式均匀地近似表示,使它具有预先给定的任意准确度.

§2   三角函数系的完备性

由函数系的完备性准则可知,要证明三角函数系的完备性,只要证明,对于任意一个在$[-\pi,\pi]$上连续的函数 $f(x)$,不管 ε 是怎样的正数,都存在着三角多项式 $\sigma_n(x)$,使

$$\int_{-\pi}^{\pi}[f(x)-\sigma_n(x)]^2\mathrm{d}x\leqslant\varepsilon \tag{2.1}$$

我们来证明这一点. 如果 $f(-\pi)=f(\pi)$,那么由于 §1 中定理的推论,便存在着三角多项式 $\sigma_n(x)$,无论 x 是什么,都能使

$$|f(x)-\sigma_n(x)|\leqslant\sqrt{\frac{\varepsilon}{2\pi}}$$

因此

$$\int_{-\pi}^{\pi}[f(x)-\sigma_n(x)]^2\mathrm{d}x\leqslant\int_{-\pi}^{\pi}\frac{\varepsilon}{2\pi}\mathrm{d}x=\varepsilon$$

这就是所要证明的.

现在设 $f(-\pi)\neq f(\pi)$. 命 M 为 $f(x)$ 在区间$[-\pi,\pi]$上的最大值,挑选这样小的数 $h>0$,使条件

$$4M^2h\leqslant\frac{\varepsilon}{4}$$

满足. 设 $g(x)$ 是一个连续函数,在区间$[-\pi,\pi-h]$上和 $f(x)$ 一致,当 $x=\pi$ 时等于 $f(-\pi)$,而且在区间$[\pi-h,\pi]$上是线性的(这样造成的函数的图线类似于图

2). 显然有 $|g(x)| \leqslant M$，因此

$$\int_{-\pi}^{\pi} [f(x) - g(x)]^2 \mathrm{d}x = \int_{\pi-h}^{\pi} [f(x) - g(x)]^2 \mathrm{d}x$$

$$\leqslant \int_{\pi-h}^{\pi} 4M^2 \mathrm{d}x = 4M^2 h \leqslant \frac{\varepsilon}{4} \tag{2.2}$$

另外，$g(x)$ 连续且在区间 $[-\pi, \pi]$ 的端点处取相等的值. 因此存在着三角多项式 $\sigma_n(x)$，使

$$\int_{-\pi}^{\pi} [g(x) - \sigma_n(x)]^2 \mathrm{d}x \leqslant \frac{\varepsilon}{4} \tag{2.3}$$

于是由式(2.2)(2.3)，并由初等不等式

$$(a + b)^2 \leqslant 2(a^2 + b^2)$$

有

$$\int_{-\pi}^{\pi} [f(x) - \sigma_n(x)]^2 \mathrm{d}x = \int_{-\pi}^{\pi} [(f(x) - g(x)) + (g(x) - \sigma_n(x))]^2 \mathrm{d}x$$

$$\leqslant 2\int_{-\pi}^{\pi} [f(x) - g(x)]^2 \mathrm{d}x + 2\int_{-\pi}^{\pi} [g(x) - \sigma_n(x)]^2 \mathrm{d}x$$

$$\leqslant \varepsilon$$

这就是要证明的.

§3 李雅普诺夫公式、三角函数系完备性的重要推论

由于三角函数系是完备的，贝塞尔不等式(第 3 章式(1.2))就成为等式

$$\frac{1}{\pi} \int_{-\pi}^{\pi} f^2(x) \mathrm{d}x = \frac{a_0^2}{2} + \sum_{n=1}^{\infty} (a_n^2 + b_n^2) \tag{3.1}$$

其中 $f(x)$ 是任意一个平方可积函数，a_n, b_n 是它的傅里叶系数.

公式(3.1)以 A. M. 李雅普诺夫(A. M. Lyapunov)命名，他第一次给出它的严格证明(对于有界函数).

记着

$$\|1\| = \sqrt{2\pi}, \quad \|\cos nx\| = \sqrt{\pi}$$

$$\|\sin nx\| = \sqrt{\pi} \quad (n = 1, 2, \cdots)$$

定理 1 设 $f(x)$ 和 $F(x)$ 是平方可积函数，在 $[-\pi, \pi]$ 上给出，又设

$$f(x) \sim \frac{a_0}{2} + \sum_{n=1}^{\infty} (a_n \cos nx + b_n \sin nx)$$

$$F(x) \sim \frac{A_0}{2} + \sum_{n=1}^{\infty} (A_n \cos nx + B_n \sin nx)$$

那么

$$\frac{1}{\pi} \int_{-\pi}^{\pi} f(x) F(x) \mathrm{d}x = \frac{a_0 A_0}{2} + \sum_{n=1}^{\infty} (a_n A_n + b_n B_n)$$

又有下面的定理.

定理 2　任意平方可积函数的傅里叶三角级数在均值意义下收敛到函数自己,即

$$\lim_{n \to \infty} \int_{-\pi}^{\pi} \left[f(x) - \left(\frac{a_0}{2} + \sum_{k=1}^{n} (a_k \cos kx + b_k \sin kx) \right) \right]^2 \mathrm{d}x = 0$$

这个定理比傅里叶三角级数寻常的收敛性更要值得注意,因为在 §1 我们已经说过,寻常的收敛性即使对于连续函数也不一定是有的. 我们知道,傅里叶级数在均值意义下只可能收敛到一个函数(只相差有限个点处函数值的变动). 由此可得下面的定理.

定理 3　任意一个平方可积函数完全由它的傅里叶级数所确定(只差在有限个点处的值),不管这个级数收敛与否.

所谓确定,还不是说知道了函数的傅里叶级数就会知道实际上怎样去求得这个函数. 由傅里叶级数实际求函数的问题,在一些特殊的情况可以利用第 4 章 §5,§6 的方法去解决.

再注意一下三角函数系完备性的两个推论:

定理 4　不会有不恒等于零的连续函数存在,与三角函数系的一切函数成正交.

换句话说,不可能把不恒等于零的函数并入三角函数系,使扩大后的函数系是正交的.

定理 4 可以重新叙述成:

如果连续函数的一切傅里叶系数都等于零,那么函数恒等于零.

定理 5　如果连续函数 $f(x)$ 的傅里叶三角级数均匀收敛,那么它的和必定与 $f(x)$ 重合.

§4 用多项式逼近函数

作为 §1 中那些结论极其简单的推论,我们得到下面的命题,它常常是很有用处的.

定理 设 $f(x)$ 是在区间 $[a,b]$ 上连续的函数.不管 $\varepsilon > 0$ 是什么数,都存在着多项式

$$p_m(x) = c_0 + c_1 x + \cdots + c_m x^m$$

使在区间 $[a,b]$ 处处有

$$|f(x) - p_m(x)| \leqslant \varepsilon \tag{4.1}$$

证 用变换

$$t = \pi \frac{x-a}{b-a} \tag{4.2}$$

亦即用变换

$$x = \frac{b-a}{\pi} t + a$$

把 Ox 轴上任意长度的区间 $[a,b]$ 变为 Ot 轴上的区间 $[U,\pi]$(如果区间 $[a,b]$ 的长度小于 2π,这个变换就不必做).设 $f\left(\frac{b-a}{\pi} t + a\right) = F(t)$,由于 §1 中定理的推论 2,存在着三角多项式

$$\sigma_n(t) = \alpha_0 + \sum_{k=1}^{n} (\alpha_k \cos kt + \beta_k \sin kt)$$

使在区间 $[0,\pi]$ 上处处有

$$|F(t) - \sigma_n(t)| \leqslant \frac{\varepsilon}{2} \tag{4.3}$$

固定 n,选择正数 $\omega > 0$ 如此的小,使条件

$$\omega \cdot \sum_{k=1}^{n} (|\alpha_k| + |\beta_k|) \leqslant \frac{\varepsilon}{2} \tag{4.4}$$

得以适合.再者,我们已知道,对于任意的 z,有

$$\cos z = 1 - \frac{z^2}{2!} + \frac{z^4}{4!} - \cdots$$

$$\sin z = z - \frac{z^3}{3!} + \frac{z^5}{5!} - \cdots$$

而且这些级数在长度有限的一切区间上,收敛性是均匀的,特别在区间 $0 \leqslant z \leqslant n\pi$

也是一样. 于是当 n 固定时, 对于一切足够大的 l, 不管 t 在区间 $[0,\pi]$ 的哪里, 都有

$$
\begin{cases}
\left| \cos kt - \left(1 - \dfrac{k^2 t^2}{2!} + \dfrac{k^4 t^4}{4!} - \cdots + (-1)^l \dfrac{k^{2l} t^{2l}}{(2l)!} \right) \right| \leqslant \omega \\[3mm]
\left| \sin kt - \left(kt - \dfrac{k^3 t^3}{3!} + \dfrac{k^5 t^5}{5!} - \cdots + (-1)^l \dfrac{k^{2l+1} t^{2l+1}}{(2l+1)!} \right) \right| \leqslant \omega
\end{cases} \tag{4.5}
$$

$(k=1,2,\cdots,n)$, 因为函数 $\cos kt$ 和 $\sin kt$, 当 $k=1,2,\cdots,n$ 时, 只有有限个——$2n$ 个, 所以下标 l 总可以取成如此的小, 使一切等式 (4.5) 同时成立.

命 $r_k(t)$ 和 $s_k(t)$ 分别表示不等式 (4.5) 中括号内的 $2l$ 和 $2l+1$ 次多项式. 于是对区间 $[0,\pi]$ 上任意的 t, 有

$$
\begin{cases}
|\cos kt - r_k(t)| \leqslant \omega \\[2mm]
|\sin kt - s_k(t)| \leqslant \omega
\end{cases} \tag{4.6}
$$

$(k=1,2,\cdots,n)$, 考察和式

$$
P_m(t) = \alpha_0 + \sum_{k=1}^{n} \alpha_k \cdot r_k(t) + \beta_k \cdot s_k(t)
$$

它是次数为 $m=2l+1$ 的多项式.

对于这个多项式, 由式 (4.6) 和 (4.4), 在区间 $[0,\pi]$ 上处处有

$$
|\sigma_n(t) - P_m(t)| = \left| \sum_{k=1}^{n} \alpha_k(\cos kt - r_k(t)) + \beta_k(\sin kt - s_k(t)) \right|
$$

$$
\leqslant \omega \sum_{k=1}^{n} (|\alpha_k| + |\beta_k|) \leqslant \frac{\varepsilon}{2}
$$

于是由式 (4.3) 可知, 在区间 $[0,\pi]$ 上处处有

$$
|F(t) - P_m(t)| = |(F(t) - \sigma_n(t)) + (\sigma_n(t) - P_m(t))|
$$

$$
\leqslant |F(t) - \sigma_n(t)| + |\sigma_n(t) - P_m(t)|
$$

$$
\leqslant \varepsilon_0
$$

用变换 (4.2) 变回到变量 x, 便知在 $[a,b]$ 上处处有

$$
\left| f(x) - P_m\left(\pi \frac{x-a}{b-a} \right) \right| \leqslant \varepsilon \tag{4.7}
$$

不难理解, 函数

$$
P_m(x) = P_m\left(\pi \frac{x-a}{b-a} \right)
$$

也是 m 次的多项式. 既然如此, 不等式 (4.7) 便是不等式 (4.1) 的证明. 于是定理证毕.

§5　傅里叶级数的加减法、它与数字的乘法

两个函数的傅里叶级数为已知时,要得到函数和或函数差的傅里叶级数,只要把已知的级数,分别相加或相减就可以了.实际上,设

$$\begin{cases} f(x) \sim \dfrac{a_0}{2} + \sum_{n=1}^{\infty} (a_n \cos nx + b_n \sin nx) \\[2mm] F(x) \sim \dfrac{A_0}{2} + \sum_{n=1}^{\infty} (A_n \cos nx + B_n \sin nx) \end{cases} \tag{5.1}$$

对于函数 $f(x) \pm F(x)$ 的傅里叶系数 α_n, β_n,便有

$$\begin{aligned} \alpha_n &= \frac{1}{\pi} \int_{-\pi}^{\pi} (f(x) \pm F(x)) \cos nx \, \mathrm{d}x \\ &= \frac{1}{\pi} \int_{-\pi}^{\pi} f(x) \cos nx \, \mathrm{d}x \pm \frac{1}{\pi} \int_{-\pi}^{\pi} F(x) \sin nx \, \mathrm{d}x \\ &= a_n \pm A_n \end{aligned}$$

同样有

$$\beta_n = b_n \pm B_n$$

这就证明了所说的事.

完全一样的可以证明,函数 $kf(x)(k=$ 常数) 的傅里叶级数,是把 $f(x)$ 的傅里叶级数的所有各项乘上了 k 而得到的.

尽管这些定理很简单,但它们却告诉我们一件极重要的事实 —— 虽然并未假设级数收敛,但却可以对傅里叶级数进行运算,就好像它们是收敛级数那样,又好像已把"∼"换成了"="似的.我们在下几段就会遇到这种现象.

§6　傅里叶级数的乘法

如果知道了乘积 $f(x) \cdot F(x)$ 中各因子的傅里叶级数,怎样建立出乘积的傅里叶级数呢? 要解答这个问题,我们作如下的考虑.首先假设 $f(x)$ 和 $F(x)$ 是平方可积的函数,则乘积 $f(x)F(x)$ 显然是可积函数.要注意:如果放弃对于 $f(x), F(x)$ 的这样要求,乘积就有可能不可积,因而关于这个乘积的傅里叶级数的问题,就变为无意义了.

再设关系式(5.1)对于 $f(x)$ 和 $F(x)$ 成立,且

$$f(x)F(x) \sim \frac{\alpha_0}{2} + \sum_{n=1}^{\infty} (\alpha_n \cos nx + \beta_n \sin nx)$$

我们的问题是:怎样用 a_n, b_n, A_n 和 B_n 来表示系数 α_n 和 β_n.

利用 §3 的定理 1,便可求得

$$\alpha_n = \frac{1}{\pi} \int_{-\pi}^{\pi} f(x)F(x)\mathrm{d}x = \frac{a_0 A_0}{2} + \sum_{n=1}^{\infty} (a_n A_n + b_n B_n) \tag{6.1}$$

要计算

$$\alpha_n = \frac{1}{\pi} \int_{-\pi}^{\pi} f(x)F(x)\cos nx\,\mathrm{d}x \tag{6.2}$$

只要知道函数 $F(x)\cos nx$ 的傅里叶系数,因为这时可把利用过的 §3 中定理 1,再应用到乘积

$$f(x)F(x)\cos nx$$

上面去. 我们来计算这些系数

$$\frac{1}{\pi} \int_{-\pi}^{\pi} F(x)\cos nx \cdot \cos mx\,\mathrm{d}x$$

$$= \frac{1}{2} \left[\frac{1}{\pi} \int_{-\pi}^{\pi} F(x)\cos(m+n)x\,\mathrm{d}x + \right.$$

$$\left. \frac{1}{\pi} \int_{-\pi}^{\pi} F(x)\cos(m-n)x\,\mathrm{d}x \right]$$

这就给出

$$\frac{1}{2}(A_{m+n} + A_{m-n}),\text{如果 } m \geqslant n$$

$$\frac{1}{2}(A_{n+m} + A_{n-m}),\text{如果 } m < n$$

要是假定

$$A_{-k} = A_k$$

便可写成

$$\frac{1}{\pi} \int_{-\pi}^{\pi} F(x)\cos nx \cdot \cos mx\,\mathrm{d}x = \frac{1}{2}(A_{m+n} + A_{m-n})$$

同样有

$$\frac{1}{\pi} \int_{-\pi}^{\pi} F(x)\cos nx \sin mx\,\mathrm{d}x$$

$$= \frac{1}{2} \left[\frac{1}{\pi} \int_{-\pi}^{\pi} F(x)\sin(m+n)x\,\mathrm{d}x + \frac{1}{\pi} \int_{-\pi}^{\pi} F(x)\sin(m-n)x\,\mathrm{d}x \right]$$

$$= \frac{1}{2}(B_{m+n} + B_{m-n})$$

其中设 $B_{-k} = -B_k$.

于是我们知道函数 $F(x)\cos nx$ 的傅里叶系数. 所以把 §3 的定理 1, 应用到积分 (6.2), 便得

$$\alpha_n = \frac{a_0 A_n}{2} + \frac{1}{2}\sum_{m=1}^{\infty}\left[a_m(A_{m+n} + A_{m-n}) + b_m(B_{m+n} + B_{m-n})\right] \qquad (6.3)$$

完全一样地可求得

$$\beta_n = \frac{a_0 B_n}{2} + \frac{1}{2}\sum_{m=1}^{\infty}\left[a_m(B_{m+n} - B_{m-n}) - b_m(A_{m+n} - A_{m-n})\right] \qquad (6.4)$$

公式 (6.1)(6.3)(6.4) 便给出了问题的解答.

注意这些公式可以将级数 (5.1) 形式地乘开后得到 (也就是把这些级数看成像是收敛一样, 像是允许把它们乘开来似的[①]), 然后把正余弦的乘积化成和差, 再集合同类项.

§7　傅里叶级数的积分法

在应用上会遇到一种情形: 只知傅里叶级数而不知函数本身. 这就产生了下列问题:

(1) 知道周期为 2π 的函数 $f(x)$ 的傅里叶级数, 要算出

$$\int_a^b f(x)\mathrm{d}x$$

其中 $[a,b]$ 是任意区间.

(2) 知道函数 $f(x)$ 的傅里叶级数, 求作函数

$$F(x) = \int_0^x f(x)\mathrm{d}x$$

---

① 我们知道, 收敛级数

$$s = u_1 + u_2 + \cdots + u_n + \cdots, \sigma = v_1 + v_2 + \cdots + v_n + \cdots$$

可以按公式

$$\varpi = u_1 v_1 + (u_1 v_2 + u_2 v_1) + \cdots + (u_1 v_n + u_2 v_{n-1} + \cdots + u_{n-1} v_2 + u_n v_1) + \cdots$$

$$= \sum_{n=1}^{\infty}(u_1 v_n + u_2 v_{n-1} + \cdots + u_{n-1} v_2 + u_n v_1)$$

乘开来, 而且要是最后乘开的级数是收敛的, 公式就是对的. 如果所设级数都是绝对收敛的, 公式就永远是对的.

的傅里叶级数.

作为第一个问题的解答,有:

定理 1   如果绝对可积函数 $f(x)$ 由它的傅里叶级数给出

$$f(x) \sim \frac{a_0}{2} + \sum_{n=1}^{\infty} (a_n \cos nx + b_n \sin nx) \tag{7.1}$$

那么积分

$$\int_a^b f(x) \mathrm{d}x$$

可以由式(7.1)逐项积分求得,不管所得级数是否收敛,即

$$\int_a^b f(x) \mathrm{d}x = \frac{a_0}{2}(b-a) + \sum_{n=1}^{\infty} \frac{a_n(\sin nb - \sin na) - b_n(\cos nb - \cos na)}{n}$$

$$\tag{7.2}$$

对于一般情形,我们考虑如下.

设

$$F(x) = \int_0^x \left[f(x) - \frac{a_0}{2} \right] \mathrm{d}x \tag{7.3}$$

这个函数是连续的,具有绝对可积导函数(可能在有限个点处不存在),而且

$$F(x + 2\pi) = \int_0^x \left[f(x) - \frac{a_0}{2} \right] \mathrm{d}x + \int_x^{x+2\pi} \left[f(x) - \frac{a_0}{2} \right] \mathrm{d}x$$

$$= F(x) + \int_{-\pi}^{\pi} \left[f(x) - \frac{a_0}{2} \right] \mathrm{d}x$$

$$= F(x) + \int_{-\pi}^{\pi} f(x) \mathrm{d}x - \pi a_0 = F(x)$$

即 $F(x)$ 有周期 2π. 因此 $F(x)$ 可以展开成傅里叶级数(第 3 章 §11)

$$F(x) = \frac{A_0}{2} + \sum_{n=1}^{\infty} (A_n \cos nx + B_n \sin nx)$$

当 $n \geqslant 1$ 时,分部积分给出

$$A_n = \frac{1}{\pi} \int_{-\pi}^{\pi} F(x) \cos nx \, \mathrm{d}x$$

$$= \frac{1}{\pi} F(x) \frac{\sin nx}{n} \Big|_{x=-\pi}^{x=\pi} - \frac{1}{\pi n} \int_{-\pi}^{\pi} \left[f(x) - \frac{a_0}{2} \right] \sin nx \, \mathrm{d}x$$

$$= -\frac{b_n}{n}$$

又类似地有

$$B_n = \frac{a_n}{n}$$

于是

$$F(x) = \frac{A_0}{2} + \sum_{n=1}^{\infty} \frac{a_n \sin nx - b_n \cos nx}{n}$$

由式(7.3)便得

$$\int_0^x f(x)\,\mathrm{d}x = \frac{a_0 x}{2} + \frac{A_0}{2} + \sum_{n=1}^{\infty} \frac{a_n \sin nx - b_n \cos nx}{n} \tag{7.4}$$

要得到式(7.2),只要在这里命 $x=b$,再命 $x=a$,然后把结果相减.

作为第二个问题的解答,有:

定理 2　设绝对可积函数 $f(x)$ 由它的傅里叶级数(不管收敛与否)给出

$$f(x) \sim \frac{a_0}{2} + \sum_{n=1}^{\infty} (a_n \cos nx + b_n \sin nx)$$

那么对于它的积分有如下列傅里叶级数的展式

$$\int_0^x f(x)\,\mathrm{d}x = \sum_{n=1}^{\infty} \frac{b_n}{n} + \sum_{n=1}^{\infty} \frac{-b_n \cos nx + (a_n + (-1)^{n+1} a_0) \sin nx}{n}$$
$$(-\pi < x < \pi) \tag{7.5}$$

要证明这定理,利用等式(7.4).命 $x=0$,有

$$\frac{A_0}{2} = \sum_{n=1}^{\infty} \frac{b_n}{n} \tag{7.6}$$

另外,由于第 2 章式(13.9),当 $-\pi < x < \pi$ 时

$$\frac{x}{2} = \sum_{n=1}^{\infty} (-1)^{n+1} \frac{\sin nx}{n} \tag{7.7}$$

把式(7.6)(7.7)代入式(7.4),便得式(7.5).

　　附注　我们证明了,对于一切绝对可积函数,级数

$$\sum_{n=1}^{\infty} \frac{b}{n}$$

是收敛的.

这个结果有时是有用的,因为在某些场合下可以使我们能够把绝对可积函数的傅里叶级数和其他的三角级数区别开来.例如处处收敛的级数

$$\sum_{n=2}^{\infty} \frac{\sin nx}{\ln n}$$

(第 4 章 §3)显然不是绝对可积函数的傅里叶级数,因为

$$\sum_{n=2}^{\infty} \frac{1}{n \ln n}$$

是发散的.

注意定理 2 的一个重要特例.

定理 3   若 $a_0 = 0$(其他条件同定理 2),则对于一切 x[①],有

$$\int_0^x f(x) \mathrm{d}x = \sum_{n=1}^{\infty} \frac{b_n}{n} + \sum_{n=1}^{\infty} \frac{-b_n \cos nx + a_n \sin nx}{n} \tag{7.8}$$

即,积分的傅里叶级数可以由 $f(x)$ 的傅里叶级数逐项积分得到.

只要把值 $a_0 = 0$ 代入式(7.5),就可得到公式(7.8). 而对于一切 x 来说(不仅 $-\pi < x < \pi$,像在式(7.5) 似的),公式的成立是由左边积分的周期性推出,而实际上它就是这样的,这可以由下式看出

$$\int_0^{x+2\pi} f(x)\mathrm{d}x = \int_0^x f(x)\mathrm{d}x + \int_0^{x+2\pi} f(x)\mathrm{d}x$$

$$= \int_0^x f(x)\mathrm{d}x + \pi a_0$$

$$= \int_0^x f(x)\mathrm{d}x$$

从无论什么样的已知三角展式,公式(7.8)都可以用来求许多新的展式. 例如,我们知道,对于 $-\pi < x < \pi$,有

$$\frac{x}{2} = \sin x - \frac{\sin 2x}{2} + \frac{\sin 3x}{3} - \cdots$$

对其积分,得

$$\frac{x^2}{4} = \left(1 - \frac{1}{2^2} + \frac{1}{3^2} - \cdots\right) - \left(\cos x - \frac{\cos 2x}{2^2} + \frac{\cos 3x}{3^2} - \cdots\right)$$

$$= C - \sum_{n=1}^{\infty} (-1)^{n+1} \frac{\cos nx}{n^2}$$

$$C = 常数$$

要找 C,只要把最后等式在区间 $[-\pi, \pi]$ 施行积分. 因为左边的级数均匀收敛,所以逐项积分是允许的,于是得

$$\int_{-\pi}^{\pi} \frac{x^2}{4}\mathrm{d}x = 2\pi C - \sum_{n=1}^{\infty} (-1)^{n+1} \frac{1}{n^2} \int_{-\pi}^{\pi} \cos nx \, \mathrm{d}x = 2\pi C$$

---

①   如果我们考虑 $-\pi < x < \pi$,就好像在定理 2 一样,无须要求 $f(x)$ 的周期性. 如果我们考虑一切 x 的值,要式(7.8)成立,就必须把 $f(x)$ 看作周期的.

由于

$$C = \frac{1}{8\pi} \int_{-\pi}^{\pi} x^2 \, dx = \frac{\pi^2}{12}$$

因此

$$\frac{\pi^2}{12} - \frac{x^2}{4} = \sum_{n=1}^{\infty} (-1)^{n+1} \frac{\cos nx}{n^2}$$

(这个展式在第 2 章 §13 已经得到过).

再积分一次

$$\int_0^x \left(\frac{\pi^2}{12} - \frac{x^2}{4} \right) dx = \sum_{n=1}^{\infty} (-1)^{n+1} \frac{\sin nx}{n^3}$$

或

$$\frac{\pi^2}{12} x - \frac{x^3}{12} = \sum_{n=1}^{\infty} (-1)^{n+1} \frac{\sin nx}{n^3}$$

§8 傅里叶级数的微分法、周期是 2π 的连续函数的情形

定理 1 设 $f(x)$ 是周期为 2π 的连续函数,具有绝对可积的导函数(可能在个别点上不存在)[①]. 那么 $f'(x)$ 的傅里叶级数可以由函数 $f(x)$ 的傅里叶级数逐项微分而得到.

证 设

$$f(x) = \frac{a_0}{2} + \sum_{n=1}^{\infty} (a_n \cos nx + b_n \sin nx) \tag{8.1}$$

这里的等号可以写下是由于第 3 章 §11. 命 a'_n 和 b'_n 表示 $f'(x)$ 的傅里叶系数. 首先知道

$$a'_0 = \frac{1}{\pi} \int_{-\pi}^{\pi} f'(x) \, dx = \frac{f(\pi) - f(-\pi)}{\pi} = 0$$

其次,由分部积分得

$$a'_n = \frac{1}{\pi} \int_{-\pi}^{\pi} f'(x) \cos nx \, dx$$

$$= \frac{n}{\pi} \left[- f(x) \sin nx \right]_{x=-\pi}^{x=\pi} + \frac{n}{\pi} \int_{-\pi}^{\pi} f(x) \sin nx \, dx = n b_n$$

---

① 换句话说,$f'(x)$ 可能在(对于一个周期)有限个点处不存在.

$$b'_n = \frac{1}{\pi} \int_{-\pi}^{\pi} f'(x) \sin nx \, \mathrm{d}x$$

$$= \frac{n}{\pi} \left[f(x) \cos nx \right]_{x=-\pi}^{x=\pi} - \frac{n}{\pi} \int_{-\pi}^{\pi} f(x) \cos nx \, \mathrm{d}x = -na_n \qquad (8.2)$$

因此

$$f'(x) \sim \sum_{n=1}^{\infty} n(b_n \cos nx - a_n \sin nx)$$

而这是把式(8.1)逐项微分所得的级数.

附注　在定理 1 的条件下,由式(8.2)立刻得到

$$a_n = -\frac{b'_n}{n}, b_n = \frac{a'_n}{n} \qquad (8.3)$$

除此以外,因为绝对可积函数的傅里叶系数当 $n \to \infty$ 时趋于零(参看第 3 章 §2),
所以可以写成

$$\lim_{n \to \infty} na_n = \lim_{n \to \infty} nb_n = 0$$

即 a_n 和 b_n 是当 $n \to \infty$ 时较 $\frac{1}{n}$ 高阶的无穷小.

定理 2　设 $f(x)$ 是周期为 2π 的连续函数,具有 m 个导函数,而且 $m-1$ 个导
函数都是连续的,而 m 阶导函数绝对可积(这 m 阶导函数可能在个别点处不存在).
那么:

(1) 这 m 个导函数的傅里叶级数可以把 $f(x)$ 的傅里叶级数逐项微分而得到,
并且所有这些级数,可能除开最后的一个外,都收敛到相应的导函数;

(2) 对于函数 $f(x)$ 的傅里叶系数有如下的关系

$$\lim_{n \to \infty} n^m a_n = \lim_{n \to \infty} n^m b_n = 0 \qquad (8.4)$$

要得到第一个结论的证明,只要把定理 1 应用 m 回.一切这些由逐项微分得到
的级数 —— 可能除去最后的一个 —— 收敛到相应的导函数这一事实,可以由这些
导函数(到 $(m-1)$ 阶)的可微分性推出.

等式(8.4)可以由重复地应用式(8.3)m 次得到

$$a_n = -\frac{b'_n}{n} = -\frac{a''_n}{n^2} = \frac{b'''_n}{n^3} = \cdots = \frac{\alpha_n}{n^m}$$

$$b_n = \frac{a'_n}{n} = -\frac{b''_n}{n^2} = -\frac{a'''_n}{n^3} = \cdots = \frac{\beta_n}{n^m} \qquad (8.5)$$

其中,$a'_n, a''_n, \cdots, b'_n, b''_n, \cdots$ 是函数 $f'(x), f''(x), \cdots$ 的傅里叶系数,而 α_n, β_n 表示
函数 $f^{(m)}(x)$ 相应的傅里叶系数,除上应有的正负号.因为 $f^{(m)}(x)$ 绝对可积,所以

当 $n \to \infty$ 时，$\alpha_n \to 0, \beta_n \to 0$，于是得到等式(8.4).

附注　在定理 2 的条件下，$f(x)$ 的级数以及把它逐项微分得来的一切级数，可能除去最后的一个外，是均匀收敛的(由于第 3 章 §11).

下述命题在某种意义下是定理 2 之逆.

定理 3　设给出三角级数

$$\frac{a_0}{2} + \sum_{n=1}^{\infty} (a_n \cos nx + b_n \sin nx) \tag{8.6}$$

如果对于系数 a_n, b_n，关系式

$$|n^m a_n| \leqslant M, \ |n^m b_n| \leqslant M \quad (m \geqslant 2, M = 常数) \tag{8.7}$$

是成立的，那么级数(8.6)的和是周期为 2π 的连续函数，具有 $m-2$ 个连续导函数，它们可以将级数(8.6)逐项微分得到.

证　命 $f(x)$ 表示级数(8.6)的和.

由于式(8.7)，我们可以写出

$$f(x) = \frac{a_0}{2} + \sum \left(\frac{\alpha_n}{n^m} \cos nx + \frac{\beta_n}{n^m} \sin nx \right)$$

其中

$$|\alpha_n| \leqslant M, \ |\beta_m| \leqslant M, M = 常数$$

如果我们形式地微分这个级数，那么微分 k 次后的系数，绝对值不超过

$$\frac{M}{n^{m-k}}$$

由此可知，当 $k=1,2,\cdots,m-2$ 时，由系数的绝对值所构成的级数是收敛的. 因此，由第 3 章 §10 定理 1 可知，当 $k=1,2,\cdots,m-2$ 时，把级数(8.6)逐项微分所构成的级数是均匀收敛的. 于是由第 2 章 §4 可知，函数 $f(x)$ 可微分 $m-2$ 次(因而它是连续的)，它的各阶导函数是连续的，并且可知，逐项微分是允许的.

§9　傅里叶级数的微分法、函数在区间 $[-\pi, \pi]$ 上给出时的情形

定理 1　设连续函数 $f(x)$ 在区间 $[-\pi, \pi]$ 上给出，且具有绝对可积的导函数(它可能在个别的点处不存在).

那么

$$f'(x) \sim \frac{c}{2} + \sum_{n=1}^{\infty} \left[(nb_n + (-1)^n c)\cos nx - na_n \sin nx \right] \qquad (9.1)$$

其中 a_n 和 b_n 是函数 $f(x)$ 的傅里叶系数，而常数 c 由等式

$$c = \frac{1}{\pi}\left[f(\pi) - f(-\pi) \right] \qquad (9.2)$$

确定.

证　设

$$f'(x) \sim \frac{a'_0}{2} + \sum_{n=1}^{\infty}(a'_n \cos nx + b'_n \sin nx)$$

由于

$$a'_0 = \frac{1}{\pi}\int_{-\pi}^{\pi} f'(x)\,\mathrm{d}x = \frac{1}{\pi}\left[f(\pi) - f(-\pi) \right]$$

显然

$$f'(x) - \frac{a'_0}{2} \sim \sum_{n=1}^{\infty}(a'_n \cos nx + b'_n \sin nx)^{①} \qquad (9.3)$$

函数

$$\int_0^x \left(f'(x) - \frac{a'_0}{2} \right)\mathrm{d}x = f(x) - \frac{a'_0 x}{2} - f(0) \qquad (9.4)$$

的傅里叶级数可以由级数(9.3)逐项积分得到(参看 §7 定理 3).因此,反过来,级数(9.3)便可由函数(9.4)的级数逐项微分得到.但是

$$f(x) = \frac{a_0}{2} + \sum_{n=1}^{\infty}(a_n \cos nx + b_n \sin nx)$$

又由式(7.7)有

$$f(x) - \frac{a'_0 x}{2} - f(0)$$

$$= \frac{a_0}{2} - f(0) + \sum_{n=1}^{\infty}\left[a_n \cos nx + \left(b_n + \frac{(-1)^n a'_0}{n} \right)\sin nx \right]$$

于是

$$f'(x) - \frac{a'_0}{2} \sim \sum_{n=1}^{\infty}\left[-na_n \sin nx + (nb_n + (-1)^n a'_0)\cos nx \right]$$

---

① 显然级数(9.3)不是等式,但是由右边移项到左边总归是可以的,这可以计算一下出现在左边的函数傅里叶系数来检查.在这里,对于函数 $f'(x) - \frac{a'_0}{2}$,自由项等于零,而其他一切系数保持和 $f'(x)$ 的一样.

命 $c = a'_0$，便得式 (9.1).

推论　如果 $c = 0$，即 $f(\pi) = f(-\pi)$，那么式 (9.1) 给出

$$f'(x) \sim \sum_{n=1}^{\infty} n(b_n \cos nx - a_n \sin nx)$$

换句话说，$f(x)$ 的傅里叶级数可以逐项微分. 这一点直接去看也很明显，因为当 $f(\pi) = f(-\pi)$ 时，在全部 Ox 轴上作周期延续，便可化成连续函数，然后应用 §8 中定理 1 就可以了.

附注　在未给出 $f(x)$ 本身，而只给它的傅里叶级数的情况下，定理 1 特别重要. 要作 $f'(x)$ 的傅里叶级数，知道 $f(x)$ 的傅里叶级数就够了. 此时用公式 (9.2) 来计算常数 c 是有困难的. 如果注意到绝对可积函数的傅里叶系数当 $n \to \infty$ 时趋于零（参看第 3 章 §2），就可避开公式 (9.2) 不用. 因此由 (9.1) 有

$$\lim_{n \to \infty} [nb_n + (-1)^n c] = 0$$

由此得

$$c = \lim_{n \to \infty} [(-1)^{n+1} nb_n]$$

这个极限的计算通常是不困难的. 不难理解，说这个极限存在，无异于说当 n 分别取偶值时和取奇值时，nb_n 的极限都存在，且绝对值相等，正负号相反.

定理 1 预先假定了 $f(x)$ 在 $[-\pi, \pi]$ 上连续，且具有绝对可积的导函数. 在应用上会遇到只知道 $f(x)$ 的傅里叶级数的情形. 因此这时就提出了更复杂的问题：通过傅里叶级数去探求函数是否可微，和导函数是否可积；假如是的话，作出这个导函数的傅里叶级数来. 下面的定理常常有助于这种问题的解决.

定理 2　设给出级数

$$\frac{a_0}{2} + \sum_{n=1}^{\infty} (a_n \cos nx + b_n \sin nx) \tag{9.5}$$

如果级数

$$\frac{c}{2} + \sum_{n=1}^{\infty} [(nb_n + (-1)^n c) \cos nx - na_n \sin nx] \tag{9.6}$$

其中

$$c = \lim_{n \to \infty} [(-1)^{n+1} nb_n] \tag{9.7}$$

是某个绝对可积函数 $\varphi(x)$ [①] 的傅里叶级数，那么级数 (9.5) 是函数 $f(x) =$

---

① 并未假定级数 (9.6) 收敛.

$\int_0^x \varphi(x)\mathrm{d}x + \dfrac{a_0}{2} + \sum\limits_{n=1}^{\infty} a_n$ 的傅里叶级数,连续于 $-\pi < x < \pi$,且收敛到这个函数,而且显然在 $\varphi(x)$ 的一切连续点处有 $f'(x) = \varphi(x)$.

证　　我们可以把 §7 的定理 2 应用到级数

$$\varphi(x) \sim \frac{c}{2} + \sum_{n=1}^{\infty}\big[(nb_n + (-1)^n c)\cos nx - na_n \sin nx\big]$$

上面来. 同时,当 $-\pi < x < \pi$ 时,有

$$\int_0^x \varphi(x)\mathrm{d}x = -\sum_{n=1}^{\infty} a_n + \sum_{n=1}^{\infty} \frac{na_n \cos nx + (nb_n + (-1)^n c + (-1)^{n+1} c)\sin nx}{n}$$

$$= -\sum_{n=1}^{\infty} a_n + \sum_{n=1}^{\infty}(a_n \cos nx + b_n \sin nx)$$

或

$$\int_0^x \varphi(x)\mathrm{d}x + \sum_{n=1}^{\infty} a_n = \sum_{n=1}^{\infty}(a_n \cos nx + b_n \sin nx)$$

因此

$$\int_0^x \varphi(x)\mathrm{d}x + \frac{a_0}{2} + \sum_{n=1}^{\infty} a_n$$

$$= \frac{a_0}{2} + \sum_{n=1}^{\infty}(a_n \cos nx + b_n \sin nx)$$

例 1　级数

$$\sum_{n=2}^{\infty}(-1)^n \frac{n\sin nx}{n^2 - 1}$$

是连续[①]且可微分于 $-\pi < x < \pi$ 的函数的傅里叶级数. 实际上,由公式(9.7)可以求得

$$c = \lim_{n\to\infty}\left(-\frac{n^2}{n^2 - 1}\right) = -1$$

作出级数(9.6)

$$-\frac{1}{2} + \cos x + \sum_{n=2}^{\infty}\left[(-1)^n \frac{n^2}{n^2 - 1} + (-1)^{n+1}\right]\cos nx$$

或

$$-\frac{1}{2} + \cos x + \sum_{n=2}^{\infty}(-1)^n \frac{\cos nx}{n^2 - 1}$$

---

① 关于级数和连续性的结论,可由第 4 章 §4 的定理 1 得出来.

这个级数是绝对收敛和均匀收敛的(因为系数取绝对值所构成的级数显然是收敛的),因此具有连续的和 $\varphi(x)$ 以它为傅里叶级数(参看第 2 章 §6 定理 1).

由定理 2 有

$$f(x)=\int_0^x\varphi(x)\mathrm{d}x=\sum_{n=2}^\infty(-1)^n\frac{n\sin nx}{n^2-1} \tag{9.8}$$

及

$$f'(x)=\varphi(x)=-\frac{1}{2}+\cos x+\sum_{n=2}^\infty(-1)^n\frac{\cos nx}{n^2-1} \tag{9.9}$$

注意,微分傅里叶级数的问题有时凑巧可以化到求它的和是否可能的问题.于是在所考虑的例子里,把定理 2 用到式(9.9),便有

$$f''(x)=-\sin x-\sum_{n=2}^\infty(-1)^n\frac{n\sin nx}{n^2-1}$$

因此

$$f''(x)=-\sin x-f(x)$$

或

$$f''(x)+f(x)=-\sin x$$

对于 $f(x)$ 解这个微分方程可得

$$f(x)=c_1\cos x+c_2\sin x+\frac{x\cos x}{2} \tag{9.10}$$

我们来求 c_1 和 c_2. 命 $x=0$,得 $f(0)=c_1$.

由式(9.8)可知 $f(0)=0$,所以 $c_1=0$.要找 c_2,就微分式(9.10),并和式(9.9)比较.这时,我们有

$$c_2\cos x+\frac{\cos x}{2}-\frac{x\sin x}{2}$$

$$=-\frac{1}{2}+\cos x+\sum_{n=2}^\infty(-1)^n\frac{\cos nx}{n^2-1}$$

当 $x=0$ 时,等式给出了

$$c_2=\sum_{n=2}^\infty(-1)^n\frac{1}{n^2-1}$$

$$=\frac{1}{2}\sum_{n=2}^\infty(-1)^n\left(\frac{1}{n-1}-\frac{1}{n+1}\right)$$

$$=\frac{1}{2}\Big[\Big(1-\frac{1}{3}\Big)-\Big(\frac{1}{2}-\frac{1}{4}\Big)+$$

$$\left(\frac{1}{3} - \frac{1}{5}\right) - \left(\frac{1}{4} - \frac{1}{6}\right) + \cdots\right]$$

$$= \frac{1}{4}$$

这样

$$f(x) = \frac{\sin x}{4} + \frac{x\cos x}{2}$$

再指出一个当函数由三角级数给出时判别函数是否可微分的有用准则.

定理 3 设给出级数

$$\frac{a_0}{2} + \sum_{n=1}^{\infty} (-1)^n (a_n \cos nx + b_n \sin nx) \tag{9.11}$$

其中,a_n, b_n 是正数. 如果 na_n, nb_n 是非递增的(自某个 n 起),而且当 $n \to \infty$ 时趋于零,那么级数当 $-\pi < x < \pi$ 时收敛,具有可微分的和 $f(x)$,并且

$$f'(x) = \sum_{n=1}^{\infty} (-1)^n n(b_n \cos nx - a_n \sin nx) \tag{9.12}$$

即级数(9.11)可以逐项微分.

证 由定理的条件可知,系数 a_n 和 b_n 是非递增的,且当 $n \to \infty$ 时趋于零. 由第 4 章 §4 定理 1 可知,级数(9.11)和(9.12)右边的级数在$[-\pi, \pi]$内部的一切区间$[a, b]$上均匀收敛. 由此可知,当 $-\pi < x < \pi$ 时,级数(9.11)是可以逐项微分的,于是就证明了等式(9.12).

例 2 级数

$$\sum_{n=2}^{\infty} (-1)^n \frac{\cos nx}{n \ln n}$$

在 $-\pi < x < \pi$ 有可微分的和函数 $f(x)$,且

$$f'(x) = -\sum_{n=2}^{\infty} (-1)^n \frac{\sin nx}{\ln n}$$

这由定理 3 立刻可以得到.

§10 傅里叶级数的微分法、
函数在区间$[0, \pi]$上给出时的情形

为作 §8 中定理 1 的简单推论,我们有下面的定理.

定理 1 如果 $f(x)$ 在$[0, \pi]$上连续,具有绝对可积导函数(可能在个别点处不

存在),且被展开成只具余弦或只具正弦的傅里叶级数,那么,只具余弦的级数总是可以逐项微分的,而只具正弦的级数,要是 $f(0)=f(\pi)=0$,这也是对的.

实际上,把函数延续到区间 $[-\pi,0]$ 上 —— 对于余弦级数,作偶式延续;对于正弦级数,作奇式延续.在这两种情况下,都可化到在 $[-\pi,\pi]$ 连续的函数,且在区间的端点处取等值.因此,再把这个函数按周期延续到全部 Ox 轴,就化成周期是 2π 的连续函数,具有绝对可积的导函数.剩下的事就只是用 §8 中的定理 1 了.

定理 2　设 $f(x)$ 在 $[0,\pi]$ 上连续,具有绝对可导函数(可能在个别点处不存在),并被展成只含正弦的傅里叶级数

$$f(x)=\sum_{n=1}^{\infty}b_n\sin nx \quad (0<x<\pi)$$

那么

$$f'(x)\sim\frac{c}{2}+\sum_{n=1}^{\infty}[nb_n-d+(c+d)(-1)^n]\cos nx \tag{10.1}$$

其中

$$c=\frac{2}{\pi}[f(\pi)-f(0)],d=\frac{2}{\pi}f(0) \tag{10.2}$$

证　设

$$f'(x)\sim\frac{a'_0}{2}+\sum_{n=1}^{\infty}a'_n\cos nx$$

则

$$f'(x)-\frac{a'_0}{2}\sim\sum_{n=1}^{\infty}a'_n\cos nx \tag{10.3}$$

我们有过(参看第 2 章 §13 的式(13.9)和(13.11))

$$\sum_{n=1}^{\infty}(-1)^{n+1}\frac{\sin nx}{n}=\frac{x}{2}$$

$$\sum_{k=0}^{\infty}\frac{\sin(2k+1)x}{2k+1}=\frac{\pi}{4}=\frac{1}{2}\sum_{n=1}^{\infty}(1-(-1)^n)\frac{\sin nx}{n}$$
$$(0<x<\pi) \tag{10.4}$$

因此

$$\int_0^x\left(f'(x)-\frac{a'_0}{2}\right)\mathrm{d}x=f(x)-\frac{a'_0 x}{2}-f(0)$$

$$=\sum_{n=1}^{\infty}b_n\sin nx-a'_0\sum_{n=1}^{\infty}(-1)^{n+1}\frac{\sin nx}{n}-$$

$$\frac{2}{\pi} f(0) \sum_{n=1}^{\infty} (1 - (-1)^n) \frac{\sin nx}{n}$$

$$= \sum_{n=1}^{\infty} \left[nb_n - \frac{2}{\pi} f(0) + \left(a'_0 + \frac{2}{\pi} f(0) \right) (-1)^n \right] \frac{\sin nx}{n} \qquad (10.5)$$

我们就得到了函数

$$\int_0^x \left(f'(x) - \frac{a'_0}{2} \right) \mathrm{d}x$$

的傅里叶级数. 但是既然这个级数可以由级数(10.3)逐项积分得到(参看 §7),因此反过来级数(10.3)就可以由式(10.5)逐项微分得到.

所以

$$f'(x) - \frac{a'_0}{2} \sim \sum_{n=1}^{\infty} \left[nb_n - \frac{2}{\pi} f(0) + \left(a_0 + \frac{2}{\pi} f(0) \right) (-1)^n \right] \cos nx$$

命

$$c = a'_0 = \frac{2}{\pi} \int_0^\pi f'(x) \mathrm{d}x = \frac{2}{\pi} \left[f(\pi) - f(0) \right]$$

$$d = \frac{2}{\pi} f(0)$$

就可得式(10.1)和(10.2).

推论　如果 $-d + (c+d)(-1)^n = 0(n = 1,2,\cdots)$,那么便可用

$$f'(x) \sim \sum_{n=1}^{\infty} nb_n \cos nx$$

来替代式(10.1),即 $f'(x)$ 的傅里叶级数,只要把 $f(x)$ 的级数逐项微分就可得到.

这种情况相当于条件

$$f(0) = f(\pi) = 0$$

正是我们在定理 1 考虑过的. 实际上,对于偶数 n 立刻得 $c = 0$. 对于奇数 n,则得 $-2d = 0$ 或 $d = 0$. 其余只要记起式(10.2)便得.

附注　要确定常数 c 和 d,可以不用式(10.2),而用公式

$$c = -\lim_{n \to \infty} nb_n \quad (n \text{ 是偶数})$$

$$d = \frac{1}{2} (\lim_{n \to \infty} nb_n - c) \quad (n \text{ 是奇数}) \qquad (10.6)$$

实际上,绝对可积函数 $f'(x)$ 的傅里叶系数当 $n \to \infty$ 时趋于零. 因此对于偶数

n, 由式(10.1) 可得

$$\lim_{n \to \infty}(nb_n + c) = 0$$

由此得式(10.6)的第一个公式.

对于奇数 n

$$\lim_{n \to \infty}(nb_n - c - 2d) = 0$$

给出了式(10.6)的第二个公式.

定理 1 和 2 都有逆定理.

定理 3　设给出了级数

$$\frac{a_0}{2} + \sum_{n=1}^{\infty} a_n \cos nx \tag{10.7}$$

如果级数

$$-\sum_{n=1}^{\infty} na_n \sin nx^{①}$$

是某个绝对可积函数 $\varphi(x)$ 的傅里叶级数, 那么级数(10.7) 是函数 $f(x) = \int_0^x \varphi(x)\mathrm{d}x + \frac{a_0}{2} + \sum_{n=1}^{\infty} a_n$ 的傅里叶级数, 在 $[0, \pi]$ 上连续[②], 收敛到这个函数, 而且在 $\varphi(x)$ 的一切连续点上, 显然有 $f'(x) = \varphi(x)$.

这个定理是 §9 中定理 2 的简单推论. 要证明它, 只要命 $b_n = 0, n = 1, 2, \cdots$ 就可以了.

定理 4　设给出了级数

$$\sum_{n=1}^{\infty} b_n \sin nx \tag{10.8}$$

如果极限(10.6)存在, 且级数

$$\frac{c}{2} + \sum_{n=1}^{\infty} [nb_n - d + (c+d)(-1)^n] \cos nx \tag{10.9}$$

是某个绝对可积函数 $\varphi(x)$ 的傅里叶级数, 那么级数(10.8) 是函数 $f(x) = \int_0^x \varphi(x)\mathrm{d}x + \frac{\pi d}{2}(0 < x < \pi)$ 的傅里叶级数, 收敛到这个函数, 而且在函数 $\varphi(x)$ 的一切连续点处, 显然有 $f'(x) = \varphi(x)$.

---

① 　事先并未假定这个级数是收敛的.

② 　由于级数(10.7)的和是偶函数, 所以连续性在区间 $[-\pi, \pi]$ 上成立, 因此在全部 Ox 轴上成立.

证 §7 的定理 2 可以应用到级数

$$\varphi(x) \sim \frac{c}{2} + \sum_{n=1}^{\infty} \left[nb_n - d + (c+d)(-1)^n \right] \cos nx$$

上面来,同时对于 $0 < x < \pi$,有

$$\int_0^x \varphi(x) \mathrm{d}x = \sum_{n=1}^{\infty} \frac{\left[nb_n - d + (c+d)(-1)^n + (-1)^{n+1} c \right] \sin nx}{n}$$

$$= \sum_{n=1}^{\infty} b_n \sin nx - \sum_{n=1}^{\infty} \left[1 - (-1)^n \right] d \frac{\sin x}{n}$$

$$= \sum_{n=1}^{\infty} b_n \sin nx - d \frac{\pi}{2}$$

(参看式(10.4)). 因此当 $0 < x < \pi$ 时

$$\int_0^x \varphi(x) \mathrm{d}x + \frac{\pi d}{2} = \sum_{n=1}^{\infty} b_n \sin nx$$

于是定理就证明了.

下面的定理是这个定理的特例.

定理 5 设给出了级数(10.8),如果极限

$$\lim_{n \to \infty} nb_n = h \tag{10.10}$$

存在,且级数

$$-\frac{h}{2} + \sum_{n=1}^{\infty} (nb_n - h) \cos nx \tag{10.11}$$

是某个绝对可积函数 $\varphi(x)$ 的傅里叶级数,那么级数(10.8)是函数 $f(x) = \int_0^x \varphi(x) \mathrm{d}x + \frac{\pi h}{2} (0 < x < \pi)$ 的傅里叶级数,它收敛到这个函数,而且在函数 $\varphi(x)$ 的一切连续点处,显然有 $f'(x) = \varphi(x)$.

实际上,在极限(10.10)存在的情况下,公式(10.6)给出:$c = -h, d = h$,且级数(10.9)具有级数(10.11)的形状,这就证明了定理 5.

例 1 级数

$$\sum_{n=1}^{\infty} \frac{n^3 \sin nx}{n^4 + 1}$$

是一个在 $0 < x < \pi$ 具有任意多个导函数的傅里叶级数.

实际上,公式(10.10)给出

$$h = \lim_{n \to \infty} \frac{n^4}{n^4 + 1} = 1$$

作出级数(10.11)

$$-\frac{1}{2}+\sum_{n=1}^{\infty}\left(\frac{n^4}{n^4+1}-1\right)\cos nx$$

或

$$-\frac{1}{2}-\sum_{n=1}^{\infty}\frac{\cos nx}{n^4+1}$$

这个级数绝对收敛且均匀收敛,因此具有连续的和 $\varphi(x)$. 根据定理 5,当 $0<x<\pi$ 时

$$f(x)=\sum_{n=1}^{\infty}\frac{n^3\sin nx}{n^4+1}=\int_0^x\varphi(x)\mathrm{d}x+\frac{\pi}{4}$$

$$(0<x<\pi)$$

$$f'(x)=\varphi(x)$$

注意,对于函数 $\varphi(x)$ 的傅里叶系数,有

$$\mid n^4\alpha_n\mid=\frac{n^4}{n^4+1}\leqslant 1$$

因此由 §8 的定理 3 可知函数 $\varphi(x)$ 具有两个连续导函数,且

$$\varphi'(x)=\sum_{n=1}^{\infty}\frac{n\sin nx}{n^4+1}$$

$$\varphi''(x)=\sum_{n=1}^{\infty}\frac{n^2\cos nx}{n^4+1}$$

对于最后面的一个级数可以应用定理 3. 因此可得

$$\varphi'''(x)=-\sum_{n=1}^{\infty}\frac{n^3\sin nx}{n^4+1}=-f(x)$$

显然有

$$\varphi'''(x)=f^{\mathrm{IV}}(x)$$

由此得到 $f(x)$ 的微分方程

$$f^{\mathrm{IV}}(x)=-f(x)\quad(0<x<\pi)$$

由此可知 $f(x)$ 具有任意阶的导函数.

如同在 §9 一样,§10 的结果可以用来计算某些三角级数的和.

例 2　求级数

$$\sum_{n=1}^{\infty}\frac{\cos nx}{n^2+1} \tag{10.12}$$

的和. 这个级数均匀收敛,因此具有连续的和 $F(x)$.

逐项微分得

$$-\sum_{n=1}^{\infty} \frac{n\sin nx}{n^2+1} \tag{10.13}$$

把定理 5 应用到这个级数上面来. 实际上,公式(10.10) 给出了

$$h = \lim_{n\to\infty}\left(-\frac{n^2}{n^2+1}\right) = -1$$

相当于级数(10.11),有

$$\frac{1}{2} + \sum_{n=1}^{\infty}\left(-\frac{n^2}{n^2+1}+1\right)\cos nx$$

或

$$\frac{1}{2} + \sum_{n=1}^{\infty} \frac{\cos nx}{n^2+1} = \frac{1}{2} + F(x)$$

于是根据定理 5,对于级数(10.13) 的和 $f(x)$,有

$$f(x) = \frac{x}{2} + \int_0^x F(x)\mathrm{d}x - \frac{\pi}{2} \quad (0 < x < \pi)$$

把定理 3 应用到级数(10.12),如是

$$F'(x) = \frac{x}{2} + \int_0^x F(x)\mathrm{d}x - \frac{\pi}{2} \quad (0 < x < \pi) \tag{10.14}$$

或

$$F''(x) - F(x) = \frac{1}{2}$$

从这个微分方程可以求出

$$F(x) = c_1\mathrm{e}^x + c_2\mathrm{e}^{-x} - \frac{1}{2} \tag{10.15}$$

因此

$$F'(x) = c_1\mathrm{e}^x - c_2\mathrm{e}^{-x}$$

在这个等式里,命 $x=0$,并利用式(10.12) 和(10.14) 便得

$$\sum_{n=1}^{\infty} \frac{1}{n^2+1} = c_1 + c_2 - \frac{1}{2}$$

$$-\frac{\pi}{2} = c_1 - c_2$$

由此求出

$$c_1 = \frac{1}{2}\left(\sum_{n=1}^{\infty} \frac{1}{n^2+1} + \frac{1}{2} - \frac{\pi}{2}\right)$$

$$c_2 = \frac{1}{2}\Big(\sum_{n=1}^{\infty}\frac{1}{n^2+1} + \frac{1}{2} + \frac{\pi}{2}\Big)$$

当常数 c_1, c_2 取这些值时,函数(10.15)给出级数(10.12)的和.

§11　傅里叶级数收敛性的改善

系数递减得快的三角级数在应用上最为方便. 实际上,在这种情况下,只需用级数最初若干项就能够精确地来决定它的和,因为当系数足够快逼近于零时,级数所有以后各项的和是很小的. 同时,系数递减越快,要把级数和近似表达到指定准确度时所需的项就越少.

最简单的事情是系数递减得快的三角级数的微分法的问题(参看 §8 的定理 3).

从所说的事,自然会引出下面的问题.

给出了三角级数(以 $f(x)$ 来记它的和)

$$f(x) = \frac{a_0}{2} + \sum_{n=1}^{\infty}(a_n\cos nx + b_n\sin nx) \tag{11.1}$$

我们需要从这个级数分出另一个具有已知和式 $\varphi(x)$(有尽形式)的级数,使剩下的那个级数,也就是与 $f(x)$ 及 $\varphi(x)$ 有下列关系

$$f(x) = \varphi(x) + \sum_{n=1}^{\infty}\alpha_n\cos nx + \beta_n\sin nx$$

的那个级数,具有递减得足够快的系数.

如果这个问题解决了,那么施行于 $f(x)$ 的运算,就变为施行于已知函数 $\varphi(x)$ 及系数递减得很快的级数的运算.

对于实用上所感兴趣的情况,这个问题解决的可能,是基于以下的想法.

设在区间$[-\pi,\pi]$上(或在$[0,\pi]$上),给出了一个几次可微分的函数 $f(x)$. 把这个函数按周期 2π 延续到全部 Ox 轴上,就可能化成间断函数(或化成具有间断导函数的函数),而也就化成具有递减得慢的傅里叶系数的函数. 不难理解,从 $f(x)$ 减去一个适当选择的线性函数,就可以把它化为一个在区间端点具有等值的函数,因此就连续地延续到全部 Ox 轴上,也就是说把它化为一个函数,具有比原来那个函数递减得快的傅里叶系数. 要是从 $f(x)$ 减去一个适当选择的多项式,那么可能求得一个函数,不但它本身,而且它某几个导数,在区间的端点都具有相等的数值. 于是函数本身以及它这些导数,就可以连续地延续到全部 Ox 轴上,这就意味着

§8 的定理 2 可以用得上,即保证了系数的迅速递减.

由此可见,我们这个问题的解决不是没有希望的.但是现在的问题,给的是级数,而不是函数.因此必须从级数来确定函数 $\varphi(x)$ 的形状,而这个困难常是可以克服的.

当提出的问题获得解决,就说级数(11.1)的收敛性改善了.

例 1 改善级数

$$f(x) = \sum_{n=2}^{\infty} (-1)^n \frac{n^3}{n^4 - 1} \sin nx$$

的收敛性.

显然有

$$\frac{n^3}{n^4 - 1} = \frac{1}{n} + \frac{1}{n^5 - n}$$

因此

$$f(x) = \sum_{n=2}^{\infty} (-1)^n \frac{\sin nx}{n} + \sum_{n=2}^{\infty} (-1)^n \frac{\sin nx}{n^5 - n}$$

但是(参看第 2 章 §13 式(13.9))

$$\sum_{n=1}^{\infty} (-1)^{n+1} \frac{\sin nx}{n} = \frac{x}{2} \quad (-\pi < x < \pi)$$

因此

$$f(x) = -\frac{x}{2} + \sin x + \sum_{n=2}^{\infty} (-1)^n \frac{\sin nx}{n^5 - n}$$
$$(-\pi < x < \pi)$$

在最后的那个级数里,显然有

$$|b_n n^5| \leqslant M \quad (M = 常数)$$

即傅里叶系数和 $\frac{1}{n^5}$ 同阶.

例 2 改善级数

$$f(x) = \sum_{n=1}^{\infty} \frac{n^4 - n^2 + 1}{n^2(n^4 + 1)} \cos nx$$

显然有

$$\frac{n^4 - n^2 + 1}{n^2(n^4 + 1)} = \frac{1}{n^2} - \frac{1}{n^4 + 1}$$

因此

$$f(x) = \sum_{n=1}^{\infty} \frac{\cos nx}{n^2} - \sum_{n=1}^{\infty} \frac{\cos nx}{n^4 + 1}$$

但是(参看第 2 章 §13 式(13.8))

$$\sum_{n=1}^{\infty} \frac{\cos nx}{n^2} = \frac{3x^2 - 6\pi x + 2\pi^2}{12} \quad (0 \leqslant x \leqslant 2\pi)$$

因此

$$f(x) = \frac{3x^2 - 6\pi x + 2\pi^2}{12} - \sum_{n=1}^{\infty} \frac{\cos nx}{n^4 + 1} \quad (0 \leqslant x \leqslant 2\pi)$$

对于最后的那个级数,有

$$|a_n n^4| \leqslant 1$$

因此傅里叶系数与 $\frac{1}{n^4}$ 同阶.

§7 ~ §10 的结果可以有效地应用到傅里叶级数收敛性的改善上.读者可以从下述各例搞清楚.

例 3　改善级数

$$f(x) = \sum_{n=1}^{\infty} \frac{n^4}{n^5 + 1} \sin nx$$

的收敛性.此时,极限

$$h = \lim_{n \to +\infty} nb_n = \lim_{n \to +\infty} \frac{n^5}{n^5 + 1} = 1$$

是存在的(参看 §10 的定理 5),而级数

$$-\frac{1}{2} + \sum_{n=1}^{\infty} \left(\frac{n^5}{n^5 + 1} - 1 \right) \cos nx$$

或

$$-\frac{1}{2} - \sum_{n=1}^{\infty} \frac{\cos nx}{n^5 + 1}$$

是均匀收敛的,因此表示一个连续函数 $\varphi(x)$.由 §10 的定理 5,有

$$f(x) = \int_0^x \varphi(x) \mathrm{d}x + \frac{\pi}{4} \quad (0 < x < \pi)$$

但是

$$\varphi(x) = -\frac{1}{2} - \sum_{n=1}^{\infty} \frac{\cos nx}{n^5 + 1}$$

因此,逐项积分(由于级数的均匀收敛性,这是许可的)得

$$\int_0^x \varphi(x) \mathrm{d}x = -\frac{x}{2} - \sum_{n=1}^{\infty} \frac{\sin nx}{n(n^5 + 1)}$$

于是

$$f(x) = -\frac{x}{2} + \frac{\pi}{4} - \sum_{n=1}^{\infty} \frac{\sin nx}{n(n^5+1)} \quad (0 < x < \pi)$$

这里的傅里叶系数与 $\frac{1}{n^6}$ 同阶.

这个运算方法的本质是基于下面的事实:在若干情形下,由 §9 和 §10 中各定理所得级数的系数,比原设级数的系数更快地趋于零.逐项积分后还可以更加快些.

再指出一个改进收敛性的方法,它是基于把傅里叶系数表示成像

$$\frac{A}{n} + \frac{B}{n^2} + \cdots \quad (A = 常数, B = 常数)$$

这样子的和式.

例 4 改善级数

$$f(x) = \sum_{n=1}^{\infty} \frac{\sin nx}{n+a} \quad (a = 常数, a > 0)$$

的收敛性.显然有

$$\frac{1}{n+a} = \frac{1}{n} \cdot \frac{1}{1+\frac{a}{n}} = \frac{1}{n}\left(1 - \frac{a}{n} + \frac{a^2}{n^2} - \cdots\right) ①$$

把括号内的级数写到 $\frac{a^2}{n^2}$ 这项,把其余的加起来,便有

$$\frac{1}{n+a} = \frac{1}{n}\left(1 - \frac{a}{n} + \frac{a^2}{n^2} - \frac{a^3}{n^2(n+a)}\right)$$

$$= \frac{1}{n} - \frac{a}{n^2} + \frac{a^2}{n^3} - \frac{a^3}{n^3(n+a)}$$

因此

$$f(x) = \sum_{n=1}^{\infty} \frac{\sin nx}{n} - a\sum_{n=1}^{\infty} \frac{\sin nx}{n^2} +$$

$$a^2\sum_{n=1}^{\infty} \frac{\sin nx}{n^3} - a^3\sum_{n=1}^{\infty} \frac{\sin nx}{n^3(n+a)}$$

前三个级数的和,以及一般地形如

---

① 论到的无穷级数只有当 $\frac{a}{n} < 1$ 时才能是有限的,我们所需要的结果很容易验证是正确的.

$$\sum_{n=1}^{\infty} \frac{\sin nx}{n^{v}} \text{ 或 } \sum_{n=1}^{\infty} \frac{\cos nx}{n^{p}} \quad (p \text{ 是整数})$$

的级数的和,不难由已知展式求得.实际上(参考第 2 章 §13 式(13.7)(13.8)和第 3 章 §14 式(14.1))

$$\sum_{n=1}^{\infty} \frac{\sin nx}{n} = \frac{\pi - x}{2}$$

$$\sum_{n=1}^{\infty} \frac{\cos nx}{n^{2}} = \frac{3x^{2} - 6\pi x + 2\pi^{2}}{12}$$

$$\sum_{n=1}^{\infty} \frac{\cos nx}{n} = -\ln 2 \sin \frac{x}{2} \quad (0 < x < 2\pi)$$

将第二、第三两个级数积分,得(0 < x < 2π)

$$\sum_{n=1}^{\infty} \frac{\sin nx}{n^{3}} = \int_{0}^{x} \frac{3x^{2} - 6\pi x + 2\pi^{2}}{12} \mathrm{d}x$$

$$= \frac{x^{3} - 3\pi x^{2} + 2\pi^{2} x}{12}$$

$$\sum_{n=1}^{\infty} \frac{\sin nx}{n^{2}} = -\int_{0}^{x} \ln\left(2\sin \frac{x}{2}\right) \mathrm{d}x$$

因此

$$f(x) = \frac{\pi - x}{2} + a \int_{0}^{x} \ln\left(2\sin \frac{x}{2}\right) \mathrm{d}x + \frac{a^{2}}{12}(x^{3} + 3\pi x^{2} - 2\pi^{2} x) - a^{3} \sum_{n=1}^{\infty} \frac{\sin nx}{n^{3}(n-a)}$$

最后那个级数的系数与 $\frac{1}{n^{4}}$ 同阶.

§12　三角函数展式表

进行傅里叶级数的运算时,最好有一个常见三角函数展式的表.讨论级数收敛性的改善时,这个表特别有用.

在下面列出的表里,我们收集起了以上各章得到过的展式,再添上一些新的.

(1) $\sum_{n=1}^{\infty} \frac{\cos nx}{n} = -\ln\left(2\sin \frac{x}{2}\right)(0 < x < 2\pi,$ 第 3 章式(14.1)).

(2) $\sum_{n=1}^{\infty} \frac{\sin nx}{n} = \frac{\pi - x}{2}(0 < x < 2\pi,$ 第 2 章式(13.7)).

(3) $\sum_{n=1}^{\infty} \frac{\cos nx}{n^{2}} = \frac{3x^{2} - 6\pi x + 2\pi^{2}}{12}(0 < x < 2\pi,$ 第 2 章式(13.8)).

(4) $\sum_{n=1}^{\infty} \dfrac{\sin nx}{n^2} = -\int_0^x \ln\left(2\sin\dfrac{x}{2}\right)dx \, (0 < x < 2\pi,$ 第 5 章 § 11).

(5) $\sum_{n=1}^{\infty} \dfrac{\cos nx}{n^3} = \int_0^x dx \int_0^x \ln\left(2\sin\dfrac{x}{2}\right)dx + \sum_{n=1}^{\infty} \dfrac{1}{n^3} \, (0 \leqslant x \leqslant 2\pi), \ \sum_{n=1}^{\infty} \dfrac{1}{n^3} =$
$\dfrac{\pi^3}{25.794\,36\cdots} = 1.202\,05\cdots$ (由前面的级数逐项积分得来).

(6) $\sum_{n=1}^{\infty} \dfrac{\sin nx}{n^3} = \dfrac{x^3 - 3\pi x^2 + 2\pi^2 x}{12} \, (0 \leqslant x \leqslant 2\pi,$ 第 5 章 § 11).

(7) $\sum_{n=1}^{\infty} (-1)^{n+1} \dfrac{\cos nx}{n} = \ln\left(2\cos\dfrac{x}{2}\right) (-\pi < x < \pi,$ 第 3 章式(14.2)).

(8) $\sum_{n=1}^{\infty} (-1)^{n+1} \dfrac{\sin nx}{n} = \dfrac{x}{2} \, (-\pi < x < \pi,$ 第 2 章式(13.9)).

(9) $\sum_{n=1}^{\infty} (-1)^{n+1} \dfrac{\cos nx}{n^2} = \dfrac{\pi^2 - 3x^2}{12} \, (-\pi \leqslant x \leqslant \pi,$ 第 2 章式(13.10)).

(10) $\sum_{n=1}^{\infty} (-1)^{n+1} \dfrac{\sin nx}{n^2} = \int_0^x \ln\left(2\cos\dfrac{x}{2}\right)dx \, (-\pi \leqslant x \leqslant \pi,$ 由级数(7) 逐项积分得来).

(11) $\sum_{n=1}^{\infty} (-1)^{n+1} \dfrac{\cos nx}{n^3} = \sum_{n=1}^{\infty} (-1)^{n+1} \dfrac{1}{n^3} - \int_0^x dx \int_0^x \ln\left(2\cos\dfrac{x}{2}\right)dx \, (-\pi \leqslant x \leqslant \pi,$ 由级数(10) 逐项积分得来).

(12) $\sum_{n=1}^{\infty} (-1)^{n+1} \dfrac{\sin nx}{n^3} = \dfrac{\pi^2 x - x^3}{12} \, (-\pi \leqslant x \leqslant \pi,$ 由级数(9) 逐项积分得来).

(13) $\sum_{n=0}^{\infty} \dfrac{\cos(2n+1)x}{2n+1} = -\dfrac{1}{2}\ln\tan\dfrac{x}{2} \, (0 < x < \pi,$ 由级数(1) 和(7) 相加得来).

(14) $\sum_{n=0}^{\infty} \dfrac{\sin(2n+1)x}{2n+1} = \dfrac{\pi}{4} \, (0 < x < \pi,$ 第 2 章式(13.11)).

(15) $\sum_{n=0}^{\infty} \dfrac{\cos(2n+1)x}{(2n+1)^2} = \dfrac{\pi^2 - 2\pi x}{8} \, (0 \leqslant x \leqslant \pi,$ 第 2 章式(13.12)).

(16) $\sum_{n=0}^{\infty} \dfrac{\sin(2n+1)x}{(2n+1)^2} = -\dfrac{1}{2}\int_0^x \ln\tan\dfrac{x}{2}dx \, (0 \leqslant x \leqslant \pi,$ 由级数(13) 逐项积分得来).

(17) $\sum_{n=0}^{\infty} \dfrac{\cos(2n+1)x}{(2n+1)^3} = \dfrac{1}{2}\int_0^x dx \int_0^x \ln\tan\dfrac{x}{2}dx + \sum_{n=0}^{\infty} \dfrac{1}{(2n+1)^3} \, (0 \leqslant x \leqslant \pi,$ 由

级数(16) 逐项积分得来).

(18) $\sum_{n=0}^{\infty} \dfrac{\sin(2n+1)x}{(2n+1)^3} = \dfrac{\pi^2 x - \pi x^2}{8}$ $(0 \leqslant x \leqslant \pi,$由级数(15) 逐项积分得来).

如果在公式(13) ~ (18) 里,把 x 换成 t,然后设 $t = \dfrac{\pi}{2} - x$,那么便得展式:

(19) $\sum_{n=0}^{\infty} (-1)^n \dfrac{\cos(2n+1)x}{2n+1} = \dfrac{\pi}{4} \Big(-\dfrac{\pi}{2} < x < \dfrac{\pi}{2} \Big).$

(20) $\sum_{n=0}^{\infty} (-1)^n \dfrac{\sin(2n+1)x}{2n+1} = -\dfrac{1}{2} \ln \tan \Big(\dfrac{\pi}{4} - \dfrac{x}{2} \Big) \Big(-\dfrac{\pi}{2} < x < \dfrac{\pi}{2} \Big).$

(21) $\sum_{n=0}^{\infty} (-1)^n \dfrac{\cos(2n+1)x}{(2n+1)^2} = -\dfrac{1}{2} \int_0^{\frac{\pi}{2}-x} \ln \tan \dfrac{x}{2} \mathrm{d}x \Big(-\dfrac{\pi}{2} < x < \dfrac{\pi}{2} \Big).$

(22) $\sum_{n=0}^{\infty} (-1)^n \dfrac{\sin(2n+1)x}{(2n+1)^2} = \dfrac{\pi x}{4} (-\dfrac{\pi}{2} < x < \dfrac{\pi}{2}).$

(23) $\sum_{n=0}^{\infty} (-1)^n \dfrac{\cos(2n+1)x}{(2n+1)^3} = \dfrac{\pi^3 - 4\pi x^2}{32} (-\dfrac{\pi}{2} < x < \dfrac{\pi}{2}).$

(24) $\sum_{n=0}^{\infty} (-1)^n \dfrac{\sin(2n+1)x}{(2n+1)^3} = \sum_{n=0}^{\infty} \dfrac{1}{(2n+1)^3} + \dfrac{1}{2} \int_0^{\frac{\pi}{2}-x} \mathrm{d}x \int_0^x \ln \tan \dfrac{x}{2} \mathrm{d}x$

$\Big(-\dfrac{\pi}{2} < x < \dfrac{\pi}{2} \Big).$

§13　傅里叶级数的近似计算

在实用问题中,要展成傅里叶级数的函数,经常不是由解析式子,而是由表格或图形给出,即近似地给出的.这时傅里叶系数不能直接应用通常的公式

$$\begin{cases} a_n = \dfrac{1}{\pi} \displaystyle\int_0^{2\pi} f(x) \cos nx \, \mathrm{d}x & (n = 0, 1, 2, \cdots) \\ b_n = \dfrac{1}{\pi} \displaystyle\int_0^{2\pi} f(x) \sin nx \, \mathrm{d}x & (n = 1, 2, \cdots) \end{cases} \tag{13.1}$$

得到,于是产生了关于它们的近似计算的问题.同时为了实用目的,在大多数情况下,只要知道前几个系数就够了.

要解决由准确公式(13.1)过渡到近似公式这个问题,可以利用近似积分法.通常是用矩形法或梯形法.我们这里应用矩形法如下.

设用点

$$0, \frac{2\pi}{m}, 2 \cdot \frac{2\pi}{m}, \cdots, (m-1)\frac{2\pi}{m}, 2\pi \tag{13.2}$$

将区间 $[0, 2\pi]$ 分成 m 等份,并设在这些点处 $f(x)$ 的值已知为

$$y_0, y_1, y_2, \cdots, y_{m-1}, y_m$$

于是

$$\begin{cases} a_n \approx \dfrac{2}{m}\sum_{k=0}^{m-1} y_k \cdot \cos\dfrac{2k\pi}{m}n \\[4mm] b_n \approx \dfrac{2}{m}\sum_{k=0}^{m-1} y_k \cdot \sin\dfrac{2k\pi}{m}n \end{cases} \tag{13.3}$$

比如,设 $m = 12$,于是式(13.2)各数成下列形状

$$0, \frac{\pi}{6}, \frac{\pi}{3}, \frac{\pi}{2}, \frac{2\pi}{3}, \frac{5\pi}{6}, \pi, \frac{7\pi}{6}, \frac{4\pi}{3}, \frac{3\pi}{2}, \frac{5\pi}{3}, \frac{11\pi}{6}, 2\pi$$

用角度表示便是

$$0°, 30°, 60°, 90°, 120°, 150°, 180°$$
$$210°, 240°, 270°, 300°, 330°, 360°$$

这时易知式(13.3)中与纵坐标相乘那些因子化为

$$0, \pm 1, \pm \sin 30° = \pm 0.5, \pm \sin 60° = \pm 0.866$$

不难验证

$$\begin{cases} 6a_0 \approx y_0 + y_1 + y_2 + y_3 + y_4 + y_5 + \\ \qquad y_6 + y_7 + y_8 + y_9 + y_{10} + y_{11} \\ 6a_1 \approx (y_0 - y_6) + (y_1 + y_{11} - y_5 - y_7) \cdot \\ \qquad 0.866 + (y_2 + y_{10} - y_4 - y_8) \cdot 0.5 \\ 6a_2 \approx (y_0 + y_6 - y_3 - y_9) + (y_1 + y_5 + \\ \qquad y_7 + y_{11} - y_2 - y_4 - y_8 - y_{10}) \cdot 0.5 \\ 6a_3 \approx y_0 + y_4 + y_8 - y_2 - y_6 - y_{10} \\ 6b_1 \approx (y_1 + y_5 - y_7 - y_{11}) \cdot 0.5 + \\ \qquad (y_2 + y_4 - y_8 - y_{10}) \cdot 0.866 + (y_5 - y_9) \\ 6b_2 \approx (y_1 + y_2 + y_7 + y_8 - y_4 - y_5 - \\ \qquad y_{10} - y_{11}) \cdot 0.866 \\ 6b_3 \approx y_1 + y_5 + y_9 - y_3 - y_7 - y_{11} \end{cases} \tag{13.4}$$

等等.

　　为了简化计算,列成下面的表格来进行比较便利.

先把纵坐标 $y_0, y_1, y_2, \cdots$ 按照下面的顺序写出来,把写好上下的每一对纵坐标,进行加法和减法

	y_0	y_1	y_2	y_3	y_4	y_5	y_6
		y_{11}	y_{10}	y_9	y_8	y_7	
和差	u_0	u_1	u_2	u_3	u_4	u_5	u_6
		v_1	v_2	v_3	v_4	v_5	v_6

然后再把这些和与差,写成类似的形状,对于它们进行加法和减法

	u_0	u_1	u_2	u_3
	u_6	u_5	u_4	
和差	s_0	s_1	s_2	s_3
	t_0	t_1	t_2	

	v_1	v_2	v_3
	v_5	v_4	
和差	σ_1	σ_2	σ_3
	τ_1	τ_2	

可以用所得的这些数量把式(13.4)改写成

$$\begin{cases} 6a_0 = s_0 + s_1 + s_2 + s_3 \\ 6a_1 = t_0 + 0.866t_1 + 0.5t_2 \\ 6a_2 = s_0 - s_3 + 0.5(s_1 - s_2) \\ 6a_3 = t_0 - t_2 \\ 6b_1 = 0.5\sigma_1 + 0.866\sigma_2 + \sigma_3 \\ 6b_2 = 0.866(\tau_1 + \tau_2) \\ 6b_3 = \sigma_1 - \sigma_3 \end{cases}$$

我们对于已知的 12 个纵坐标实行了表格计算. 对于已知傅里叶系数确值的滑溜函数,应用这种表格,可以得出系数 $a_0, a_1, b_1, a_2, b_2, a_3, b_3$ 的近似值,非常接近于真值.

要得到更精确的结果,或者要知道更多的傅里叶系数,就可以在使用表格时多

取一些纵坐标. 一般的表格取 24 个纵坐标.

最后让我们总结一下本书的现实意义, 除了给广大中学师生普及数学试题的背景, 同时也是对世界著名社会学家布尔迪厄 (Bourdieu) 理论的一种反抗. 在他看来, 教育是这个极度不平等的社会系统中最为不平等的部分, 家庭条件好的孩子才可以上预科, 继而接受真正的高等教育, 而家庭条件不好的孩子只能被分流到另一个注定没有希望的体系中. 即使一些家庭条件不好的孩子们有幸接受了高等教育, 成为抓住向上阶梯的极少数幸存者, 但"幸存者偏差"不该美化为"改变了命运"的励志叙事, 留给幸存者的更多的是割裂和痛苦. 他们永远和这个充满精致品味的系统格格不入, 这也正是出身小镇的布尔迪厄所经历的痛苦. 布尔迪厄之所以如此尖锐、咄咄逼人地将教育体制的根本价值指认为"帮助现存社会进行文化再生产、传递代际差异", 正是因为他即使登上了教育体制的金字塔顶, 但他这种格格不入的痛苦仍旧挥之不去. 正如埃里蓬 (Eribon) 所说的, 这是一种"分离的忧郁", 对于无法决定的出身和对家庭以及所在阶层的价值观的背叛所造成的拉扯, 时刻都在折磨着他. 傅里叶的一生就是这一理论的原型之一, 我们要警惕法国大革命式的剧烈变革重现!

刘培杰数学工作室
已出版(即将出版)图书目录——初等数学

书　　名	出版时间	定　价	编号
新编中学数学解题方法全书(高中版)上卷(第2版)	2018－08	58.00	951
新编中学数学解题方法全书(高中版)中卷(第2版)	2018－08	68.00	952
新编中学数学解题方法全书(高中版)下卷(一)(第2版)	2018－08	58.00	953
新编中学数学解题方法全书(高中版)下卷(二)(第2版)	2018－08	58.00	954
新编中学数学解题方法全书(高中版)下卷(三)(第2版)	2018－08	68.00	955
新编中学数学解题方法全书(初中版)上卷	2008－01	28.00	29
新编中学数学解题方法全书(初中版)中卷	2010－07	38.00	75
新编中学数学解题方法全书(高考复习卷)	2010－01	48.00	67
新编中学数学解题方法全书(高考真题卷)	2010－01	38.00	62
新编中学数学解题方法全书(高考精华卷)	2011－03	68.00	118
新编平面解析几何解题方法全书(专题讲座卷)	2010－01	18.00	61
新编中学数学解题方法全书(自主招生卷)	2013－08	88.00	261
数学奥林匹克与数学文化(第一辑)	2006－05	48.00	4
数学奥林匹克与数学文化(第二辑)(竞赛卷)	2008－01	48.00	19
数学奥林匹克与数学文化(第二辑)(文化卷)	2008－07	58.00	36′
数学奥林匹克与数学文化(第三辑)(竞赛卷)	2010－01	48.00	59
数学奥林匹克与数学文化(第四辑)(竞赛卷)	2011－08	58.00	87
数学奥林匹克与数学文化(第五辑)	2015－06	98.00	370
世界著名平面几何经典著作钩沉——几何作图专题卷(共3卷)	2022－01	198.00	1460
世界著名平面几何经典著作钩沉(民国平面几何老课本)	2011－03	38.00	113
世界著名平面几何经典著作钩沉(建国初期平面三角老课本)	2015－08	38.00	507
世界著名解析几何经典著作钩沉——平面解析几何卷	2014－01	38.00	264
世界著名数论经典著作钩沉(算术卷)	2012－01	28.00	125
世界著名数学经典著作钩沉——立体几何卷	2011－02	28.00	88
世界著名三角学经典著作钩沉(平面三角卷Ⅰ)	2010－06	28.00	69
世界著名三角学经典著作钩沉(平面三角卷Ⅱ)	2011－01	38.00	78
世界著名初等数论经典著作钩沉(理论和实用算术卷)	2011－07	38.00	126
世界著名几何经典著作钩沉(解析几何卷)	2022－10	68.00	1564
发展你的空间想象力(第3版)	2021－01	98.00	1464
空间想象力进阶	2019－05	68.00	1062
走向国际数学奥林匹克的平面几何试题诠释.第1卷	2019－07	88.00	1043
走向国际数学奥林匹克的平面几何试题诠释.第2卷	2019－09	78.00	1044
走向国际数学奥林匹克的平面几何试题诠释.第3卷	2019－03	78.00	1045
走向国际数学奥林匹克的平面几何试题诠释.第4卷	2019－09	98.00	1046
平面几何证明方法全书	2007－08	35.00	1
平面几何证明方法全书习题解答(第2版)	2006－12	18.00	10
平面几何天天练上卷·基础篇(直线型)	2013－01	58.00	208
平面几何天天练中卷·基础篇(涉及圆)	2013－01	28.00	234
平面几何天天练下卷·提高篇	2013－01	58.00	237
平面几何专题研究	2013－07	98.00	258
平面几何解题之道.第1卷	2022－05	38.00	1494
几何学习题集	2020－10	48.00	1217
通过解题学习代数几何	2021－04	88.00	1301
圆锥曲线的奥秘	2022－06	88.00	1541

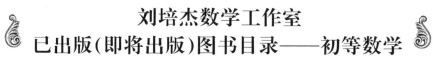

刘培杰数学工作室
已出版（即将出版）图书目录——初等数学

书　名	出版时间	定　价	编号
最新世界各国数学奥林匹克中的平面几何试题	2007—09	38.00	14
数学竞赛平面几何典型题及新颖解	2010—07	48.00	74
初等数学复习及研究(平面几何)	2008—09	68.00	38
初等数学复习及研究(立体几何)	2010—06	38.00	71
初等数学复习及研究(平面几何)习题解答	2009—01	58.00	42
几何学教程(平面几何卷)	2011—03	68.00	90
几何学教程(立体几何卷)	2011—07	68.00	130
几何变换与几何证题	2010—06	88.00	70
计算方法与几何证题	2011—06	28.00	129
立体几何技巧与方法(第2版)	2022—10	168.00	1572
几何瑰宝——平面几何500名题暨1500条定理(上、下)	2021—07	168.00	1358
三角形的解法与应用	2012—07	18.00	183
近代的三角形几何学	2012—07	48.00	184
一般折线几何学	2015—08	48.00	503
三角形的五心	2009—06	28.00	51
三角形的六心及其应用	2015—10	68.00	542
三角形趣谈	2012—08	28.00	212
解三角形	2014—01	28.00	265
探秘三角形:一次数学旅行	2021—10	68.00	1387
三角学专门教程	2014—09	28.00	387
图天下几何新题试卷.初中(第2版)	2017—11	58.00	855
圆锥曲线习题集(上册)	2013—06	68.00	255
圆锥曲线习题集(中册)	2015—01	78.00	434
圆锥曲线习题集(下册·第1卷)	2016—10	78.00	683
圆锥曲线习题集(下册·第2卷)	2018—01	98.00	853
圆锥曲线习题集(下册·第3卷)	2019—10	128.00	1113
圆锥曲线的思想方法	2021—08	48.00	1379
圆锥曲线的八个主要问题	2021—10	48.00	1415
论九点圆	2015—05	88.00	645
近代欧氏几何学	2012—03	48.00	162
罗巴切夫斯基几何学及几何基础概要	2012—07	28.00	188
罗巴切夫斯基几何学初步	2015—06	28.00	474
用三角、解析几何、复数、向量计算解数学竞赛几何题	2015—03	48.00	455
用解析法研究圆锥曲线的几何理论	2022—05	48.00	1495
美国中学几何教程	2015—04	88.00	458
三线坐标与三角形特征点	2015—04	98.00	460
坐标几何学基础.第1卷,笛卡儿坐标	2021—08	48.00	1398
坐标几何学基础.第2卷,三线坐标	2021—09	28.00	1399
平面解析几何方法与研究(第1卷)	2015—05	18.00	471
平面解析几何方法与研究(第2卷)	2015—06	18.00	472
平面解析几何方法与研究(第3卷)	2015—07	18.00	473
解析几何研究	2015—01	38.00	425
解析几何学教程.上	2016—01	38.00	574
解析几何学教程.下	2016—01	38.00	575
几何学基础	2016—01	58.00	581
初等几何研究	2015—02	58.00	444
十九和二十世纪欧氏几何学中的片段	2017—01	58.00	696
平面几何中考.高考.奥数一本通	2017—07	28.00	820
几何学简史	2017—08	28.00	833
四面体	2018—01	48.00	880
平面几何证明方法思路	2018—12	68.00	913
折纸中的几何练习	2022—09	48.00	1559
中学新几何学(英文)	2022—10	98.00	1562
线性代数与几何	2023—04	68.00	1633

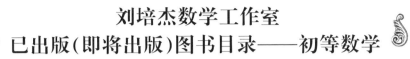

刘培杰数学工作室
已出版(即将出版)图书目录——初等数学

书　名	出版时间	定　价	编号
平面几何图形特性新析.上篇	2019—01	68.00	911
平面几何图形特性新析.下篇	2018—06	88.00	912
平面几何范例多解探究.上篇	2018—04	48.00	910
平面几何范例多解探究.下篇	2018—12	68.00	914
从分析解题过程学解题:竞赛中的几何问题研究	2018—07	68.00	946
从分析解题过程学解题:竞赛中的向量几何与不等式研究(全2册)	2019—06	138.00	1090
从分析解题过程学解题:竞赛中的不等式问题	2021—01	48.00	1249
二维,三维欧氏几何的对偶原理	2018—12	38.00	990
星形大观及闭折线论	2019—03	68.00	1020
立体几何的问题和方法	2019—11	58.00	1127
三角代换论	2021—05	58.00	1313
俄罗斯平面几何问题集	2009—08	88.00	55
俄罗斯立体几何问题集	2014—03	58.00	283
俄罗斯几何大师——沙雷金论数学及其他	2014—01	48.00	271
来自俄罗斯的5000道几何习题及解答	2011—03	58.00	89
俄罗斯初等数学问题集	2012—05	38.00	177
俄罗斯函数问题集	2011—03	38.00	103
俄罗斯组合分析问题集	2011—01	48.00	79
俄罗斯初等数学万题选——三角卷	2012—11	38.00	222
俄罗斯初等数学万题选——代数卷	2013—08	68.00	225
俄罗斯初等数学万题选——几何卷	2014—01	68.00	226
俄罗斯《量子》杂志数学征解问题100题选	2018—08	48.00	969
俄罗斯《量子》杂志数学征解问题又100题选	2018—08	48.00	970
俄罗斯《量子》杂志数学征解问题	2020—05	48.00	1138
463个俄罗斯几何老问题	2012—01	28.00	152
《量子》数学短文精粹	2018—09	38.00	972
用三角、解析几何等计算解来自俄罗斯的几何题	2019—11	88.00	1119
基谢廖夫平面几何	2022—01	48.00	1461
基谢廖夫立体几何	2023—04	48.00	1599
数学:代数、数学分析和几何(10—11年级)	2021—01	48.00	1250
立体几何.10—11年级	2022—01	58.00	1472
直观几何学:5—6年级	2022—04	58.00	1508
平面几何:9—11年级	2022—10	48.00	1571

谈谈素数	2011—03	18.00	91
平方和	2011—03	18.00	92
整数论	2011—05	38.00	120
从整数谈起	2015—10	28.00	538
数与多项式	2016—01	38.00	558
谈谈不定方程	2011—05	28.00	119
质数漫谈	2022—07	68.00	1529

解析不等式新论	2009—06	68.00	48
建立不等式的方法	2011—03	98.00	104
数学奥林匹克不等式研究(第2版)	2020—07	68.00	1181
不等式研究(第二辑)	2012—02	68.00	153
不等式的秘密(第一卷)(第2版)	2014—02	38.00	286
不等式的秘密(第二卷)	2014—01	38.00	268
初等不等式的证明方法	2010—06	38.00	123
初等不等式的证明方法(第二版)	2014—11	38.00	407
不等式·理论·方法(基础卷)	2015—07	38.00	496
不等式·理论·方法(经典不等式卷)	2015—07	38.00	497
不等式·理论·方法(特殊类型不等式卷)	2015—07	48.00	498
不等式探究	2016—03	38.00	582
不等式探秘	2017—01	88.00	689
四面体不等式	2017—01	68.00	715
数学奥林匹克中常见重要不等式	2017—09	38.00	845

刘培杰数学工作室
已出版(即将出版)图书目录——初等数学

书 名	出版时间	定 价	编号
三正弦不等式	2018-09	98.00	974
函数方程与不等式:解法与稳定性结果	2019-04	68.00	1058
数学不等式.第1卷,对称多项式不等式	2022-05	78.00	1455
数学不等式.第2卷,对称有理不等式与对称无理不等式	2022-05	88.00	1456
数学不等式.第3卷,循环不等式与非循环不等式	2022-05	88.00	1457
数学不等式.第4卷,Jensen不等式的扩展与加细	2022-05	88.00	1458
数学不等式.第5卷,创建不等式与解不等式的其他方法	2022-05	88.00	1459
同余理论	2012-05	38.00	163
[x]与{x}	2015-04	48.00	476
极值与最值.上卷	2015-06	28.00	486
极值与最值.中卷	2015-06	38.00	487
极值与最值.下卷	2015-06	28.00	488
整数的性质	2012-11	38.00	192
完全平方数及其应用	2015-08	78.00	506
多项式理论	2015-10	88.00	541
奇数、偶数、奇偶分析法	2018-01	98.00	876
不定方程及其应用.上	2018-12	58.00	992
不定方程及其应用.中	2019-01	78.00	993
不定方程及其应用.下	2019-02	98.00	994
Nesbitt不等式加强式的研究	2022-06	128.00	1527
最值定理与分析不等式	2023-02	78.00	1567
一类积分不等式	2023-02	88.00	1579
邦费罗尼不等式及概率应用	2023-05	58.00	1637

书 名	出版时间	定 价	编号
历届美国中学生数学竞赛试题及解答(第一卷)1950-1954	2014-07	18.00	277
历届美国中学生数学竞赛试题及解答(第二卷)1955-1959	2014-04	18.00	278
历届美国中学生数学竞赛试题及解答(第三卷)1960-1964	2014-06	18.00	279
历届美国中学生数学竞赛试题及解答(第四卷)1965-1969	2014-04	28.00	280
历届美国中学生数学竞赛试题及解答(第五卷)1970-1972	2014-06	18.00	281
历届美国中学生数学竞赛试题及解答(第六卷)1973-1980	2017-07	18.00	768
历届美国中学生数学竞赛试题及解答(第七卷)1981-1986	2015-01	18.00	424
历届美国中学生数学竞赛试题及解答(第八卷)1987-1990	2017-05	18.00	769

书 名	出版时间	定 价	编号
历届中国数学奥林匹克试题集(第3版)	2021-10	58.00	1440
历届加拿大数学奥林匹克试题集	2012-08	38.00	215
历届美国数学奥林匹克试题集:1972~2019	2020-04	88.00	1135
历届波兰数学竞赛试题集.第1卷,1949~1963	2015-03	18.00	453
历届波兰数学竞赛试题集.第2卷,1964~1976	2015-03	18.00	454
历届巴尔干数学奥林匹克试题集	2015-05	38.00	466
保加利亚数学奥林匹克	2014-10	38.00	393
圣彼得堡数学奥林匹克试题集	2015-01	38.00	429
匈牙利奥林匹克数学竞赛题解.第1卷	2016-05	28.00	593
匈牙利奥林匹克数学竞赛题解.第2卷	2016-05	28.00	594
历届美国数学邀请赛试题集(第2版)	2017-10	78.00	851
普林斯顿大学数学竞赛	2016-06	38.00	669
亚太地区数学奥林匹克竞赛题	2015-07	18.00	492
日本历届(初级)广中杯数学竞赛试题及解答.第1卷(2000~2007)	2016-05	28.00	641
日本历届(初级)广中杯数学竞赛试题及解答.第2卷(2008~2015)	2016-05	38.00	642
越南数学奥林匹克选:1962-2009	2021-07	48.00	1370
360个数学竞赛问题	2016-08	58.00	677
奥数最佳实战题.上卷	2017-06	38.00	760
奥数最佳实战题.下卷	2017-05	58.00	761
哈尔滨市早期中学数学竞赛试题汇编	2016-07	28.00	672
全国高中数学联赛试题及解答:1981—2019(第4版)	2020-07	138.00	1176
2022年全国高中数学联合竞赛模拟题集	2022-06	30.00	1521

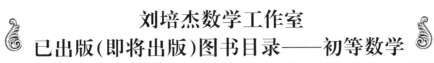

刘培杰数学工作室
已出版(即将出版)图书目录——初等数学

书　名	出版时间	定　价	编号
20 世纪 50 年代全国部分城市数学竞赛试题汇编	2017－07	28.00	797
国内外数学竞赛题及精解:2018～2019	2020－08	45.00	1192
国内外数学竞赛题及精解:2019～2020	2021－11	58.00	1439
许康华竞赛优学精选集.第一辑	2018－08	68.00	949
天问叶班数学问题征解 100 题.Ⅰ,2016—2018	2019－05	88.00	1075
天问叶班数学问题征解 100 题.Ⅱ,2017—2019	2020－07	98.00	1177
美国初中数学竞赛:AMC8 准备(共 6 卷)	2019－07	138.00	1089
美国高中数学竞赛:AMC10 准备(共 6 卷)	2019－08	158.00	1105
王连笑教你怎样学数学:高考选择题解题策略与客观题实用训练	2014－01	48.00	262
王连笑教你怎样学数学:高考数学高层次讲座	2015－02	48.00	432
高考数学的理论与实践	2009－08	38.00	53
高考数学核心题型解题方法与技巧	2010－01	28.00	86
高考思维新平台	2014－03	38.00	259
高考数学压轴题解题诀窍(上)(第 2 版)	2018－01	58.00	874
高考数学压轴题解题诀窍(下)(第 2 版)	2018－01	48.00	875
北京市五区文科数学三年高考模拟题详解:2013～2015	2015－08	48.00	500
北京市五区理科数学三年高考模拟题详解:2013～2015	2015－09	68.00	505
向量法巧解数学高考题	2009－08	28.00	54
高中数学课堂教学的实践与反思	2021－11	48.00	791
数学高考参考	2016－01	78.00	589
新课程标准高考数学解答题各种题型解法指导	2020－08	78.00	1196
全国及各省市高考数学试题审题要津与解法研究	2015－02	48.00	450
高中数学章节起始课的教学研究与案例设计	2019－05	28.00	1064
新课标高考数学——五年试题分章详解(2007～2011)(上、下)	2011－10	78.00	140,141
全国中考数学压轴题审题要津与解法研究	2013－04	78.00	248
新编全国及各省市中考数学压轴题审题要津与解法研究	2014－05	58.00	342
全国及各省市 5 年中考数学压轴题审题要津与解法研究(2015 版)	2015－04	58.00	462
中考数学专题总复习	2007－04	28.00	6
中考数学较难题常考题型解题方法与技巧	2016－09	48.00	681
中考数学难题常考题型解题方法与技巧	2016－09	48.00	682
中考数学中档题常考题型解题方法与技巧	2017－08	68.00	835
中考数学选择填空压轴好题妙解 365	2017－05	38.00	759
中考数学:三类重点考题的解法例析与习题	2020－04	48.00	1140
中小学数学的历史文化	2019－11	48.00	1124
初中平面几何百题多思创新解	2020－01	58.00	1125
初中数学中考备考	2020－01	58.00	1126
高考数学之九章演义	2019－08	68.00	1044
高考数学之难题谈笑间	2022－06	68.00	1519
化学可以这样学:高中化学知识方法智慧感悟疑难辨析	2019－07	58.00	1103
如何成为学习高手	2019－09	58.00	1107
高考数学:经典真题分类解析	2020－04	78.00	1134
高考数学解答题破解策略	2020－11	58.00	1221
从分析解题过程学解题:高考压轴题与竞赛题之关系探究	2020－08	88.00	1179
教学新思考:单元整体视角下的初中数学教学设计	2021－03	58.00	1278
思维再拓展:2020 年经典几何题的多解探究与思考	即将出版		1279
中考数学小压轴汇编初讲	2017－07	48.00	788
中考数学大压轴专题微言	2017－09	48.00	846
怎么解中考平面几何探索题	2019－06	48.00	1093
北京中考数学压轴题解题方法突破(第 8 版)	2022－11	78.00	1577
助你高考成功的数学解题智慧:知识是智慧的基础	2016－01	58.00	596
助你高考成功的数学解题智慧:错误是智慧的试金石	2016－04	58.00	643
助你高考成功的数学解题智慧:方法是智慧的推手	2016－04	68.00	657
高考数学奇思妙解	2016－04	38.00	610
高考数学解题策略	2016－05	48.00	670
数学解题泄天机(第 2 版)	2017－10	48.00	850

刘培杰数学工作室
已出版(即将出版)图书目录——初等数学

书　名	出版时间	定　价	编号
高考物理压轴题全解	2017－04	58.00	746
高中物理经典问题25讲	2017－05	28.00	764
高中物理教学讲义	2018－01	48.00	871
高中物理教学讲义:全模块	2022－03	98.00	1492
高中物理答疑解惑65篇	2021－11	48.00	1462
中学物理基础问题解析	2020－08	48.00	1183
初中数学、高中数学脱节知识补缺教材	2017－06	48.00	766
高考数学小题抢分必练	2017－10	48.00	834
高考数学核心素养解读	2017－09	38.00	839
高考数学客观题解题方法和技巧	2017－10	38.00	847
十年高考数学精品试题审题要津与解法研究	2021－10	98.00	1427
中国历届高考数学试题及解答.1949－1979	2018－01	38.00	877
历届中国高考数学试题及解答.第二卷,1980－1989	2018－10	28.00	975
历届中国高考数学试题及解答.第三卷,1990－1999	2018－10	48.00	976
数学文化与高考研究	2018－03	48.00	882
跟我学解高中数学题	2018－07	58.00	926
中学数学研究的方法及案例	2018－05	58.00	869
高考数学抢分技能	2018－07	68.00	934
高一新生常用数学方法和重要数学思想提升教材	2018－06	38.00	921
2018年高考数学真题研究	2019－01	68.00	1000
2019年高考数学真题研究	2020－05	88.00	1137
高考数学全国卷六道解答题常考题型解题诀窍:理科(全2册)	2019－07	78.00	1101
高考数学全国卷16道选择、填空题常考题型解题诀窍.理科	2018－09	88.00	971
高考数学全国卷16道选择、填空题常考题型解题诀窍.文科	2020－01	88.00	1123
高中数学一题多解	2019－06	58.00	1087
历届中国高考数学试题及解答:1917－1999	2021－08	98.00	1371
2000~2003年全国及各省市高考数学试题及解答	2022－05	88.00	1499
2004年全国及各省市高考数学试题及解答	2022－07	78.00	1500
突破高原:高中数学解题思维探究	2021－08	48.00	1375
高考数学中的"取值范围"	2021－10	48.00	1429
新课程标准高中数学各种题型解法大全.必修一分册	2021－06	58.00	1315
新课程标准高中数学各种题型解法大全.必修二分册	2022－01	68.00	1471
高中数学各种题型解法大全.选择性必修一分册	2022－06	68.00	1525
高中数学各种题型解法大全.选择性必修二分册	2023－01	58.00	1600
高中数学各种题型解法大全.选择性必修三分册	2023－04	48.00	1643
历届全国初中数学竞赛经典试题详解	2023－04	88.00	1624

新编640个世界著名数学智力趣题	2014－01	88.00	242
500个最新世界著名数学智力趣题	2008－06	48.00	3
400个最新世界著名数学最值问题	2008－09	48.00	36
500个世界著名数学征解问题	2009－06	48.00	52
400个中国最佳初等数学征解老问题	2010－01	48.00	60
500个俄罗斯数学经典老题	2011－01	28.00	81
1000个国外中学物理好题	2012－04	48.00	174
300个日本高考数学题	2012－05	38.00	142
700个早期日本高考数学试题	2017－02	88.00	752
500个前苏联早期高考数学试题及解答	2012－05	28.00	185
546个早期俄罗斯大学生数学竞赛题	2014－03	38.00	285
548个来自美苏的数学好问题	2014－11	28.00	396
20所苏联著名大学早期入学试题	2015－02	18.00	452
161道德国工科大学生必做的微分方程习题	2015－05	28.00	469
500个德国工科大学生必做的高数习题	2015－06	28.00	478
360个数学竞赛问题	2016－08	58.00	677
200个趣味数学故事	2018－02	48.00	857
470个数学奥林匹克中的最值问题	2018－10	88.00	985
德国讲义日本考题.微积分卷	2015－04	48.00	456
德国讲义日本考题.微分方程卷	2015－04	38.00	457
二十世纪中叶中、英、美、日、法、俄高考数学试题精选	2017－06	38.00	783

刘培杰数学工作室
已出版(即将出版)图书目录——初等数学

书　　名	出版时间	定价	编号
中国初等数学研究　2009 卷(第 1 辑)	2009－05	20.00	45
中国初等数学研究　2010 卷(第 2 辑)	2010－05	30.00	68
中国初等数学研究　2011 卷(第 3 辑)	2011－07	60.00	127
中国初等数学研究　2012 卷(第 4 辑)	2012－07	48.00	190
中国初等数学研究　2014 卷(第 5 辑)	2014－02	48.00	288
中国初等数学研究　2015 卷(第 6 辑)	2015－06	68.00	493
中国初等数学研究　2016 卷(第 7 辑)	2016－04	68.00	609
中国初等数学研究　2017 卷(第 8 辑)	2017－01	98.00	712
初等数学研究在中国.第 1 辑	2019－03	158.00	1024
初等数学研究在中国.第 2 辑	2019－10	158.00	1116
初等数学研究在中国.第 3 辑	2021－05	158.00	1306
初等数学研究在中国.第 4 辑	2022－06	158.00	1520
几何变换(Ⅰ)	2014－07	28.00	353
几何变换(Ⅱ)	2015－06	28.00	354
几何变换(Ⅲ)	2015－01	38.00	355
几何变换(Ⅳ)	2015－12	38.00	356
初等数论难题集(第一卷)	2009－05	68.00	44
初等数论难题集(第二卷)(上、下)	2011－02	128.00	82,83
数论概貌	2011－03	18.00	93
代数数论(第二版)	2013－08	58.00	94
代数多项式	2014－06	38.00	289
初等数论的知识与问题	2011－02	28.00	95
超越数论基础	2011－03	28.00	96
数论初等教程	2011－03	28.00	97
数论基础	2011－03	18.00	98
数论基础与维诺格拉多夫	2014－03	18.00	292
解析数论基础	2012－08	28.00	216
解析数论基础(第二版)	2014－01	48.00	287
解析数论问题集(第二版)(原版引进)	2014－05	88.00	343
解析数论问题集(第二版)(中译本)	2016－04	88.00	607
解析数论基础(潘承洞,潘承彪著)	2016－07	98.00	673
解析数论导引	2016－07	58.00	674
数论入门	2011－03	38.00	99
代数数论入门	2015－03	38.00	448
数论开篇	2012－07	28.00	194
解析数论引论	2011－03	48.00	100
Barban Davenport Halberstam 均值和	2009－01	40.00	33
基础数论	2011－03	28.00	101
初等数论 100 例	2011－05	18.00	122
初等数论经典例题	2012－07	18.00	204
最新世界各国数学奥林匹克中的初等数论试题(上、下)	2012－01	138.00	144,145
初等数论(Ⅰ)	2012－01	18.00	156
初等数论(Ⅱ)	2012－01	18.00	157
初等数论(Ⅲ)	2012－01	28.00	158

刘培杰数学工作室

已出版(即将出版)图书目录——初等数学

书　　名	出版时间	定　价	编号
平面几何与数论中未解决的新老问题	2013—01	68.00	229
代数数论简史	2014—11	28.00	408
代数数论	2015—09	88.00	532
代数、数论及分析习题集	2016—11	98.00	695
数论导引提要及习题解答	2016—01	48.00	559
素数定理的初等证明.第2版	2016—09	48.00	686
数论中的模函数与狄利克雷级数(第二版)	2017—11	78.00	837
数论:数学导引	2018—01	68.00	849
范氏大代数	2019—02	98.00	1016
解析数学讲义.第一卷,导来式及微分、积分、级数	2019—04	88.00	1021
解析数学讲义.第二卷,关于几何的应用	2019—04	68.00	1022
解析数学讲义.第三卷,解析函数论	2019—04	78.00	1023
分析·组合·数论纵横谈	2019—04	58.00	1039
Hall代数:民国时期的中学数学课本:英文	2019—08	88.00	1106
基谢廖夫初等代数	2022—07	38.00	1531
数学精神巡礼	2019—01	58.00	731
数学眼光透视(第2版)	2017—06	78.00	732
数学思想领悟(第2版)	2018—01	68.00	733
数学方法溯源(第2版)	2018—08	68.00	734
数学解题引论	2017—05	58.00	735
数学史话览胜(第2版)	2017—01	48.00	736
数学应用展观(第2版)	2017—08	68.00	737
数学建模尝试	2018—04	48.00	738
数学竞赛采风	2018—01	68.00	739
数学测评探营	2019—05	58.00	740
数学技能操握	2018—03	48.00	741
数学欣赏拾趣	2018—02	48.00	742
从毕达哥拉斯到怀尔斯	2007—10	48.00	9
从迪利克雷到维斯卡尔迪	2008—01	48.00	21
从哥德巴赫到陈景润	2008—05	98.00	35
从庞加莱到佩雷尔曼	2011—08	138.00	136
博弈论精粹	2008—03	58.00	30
博弈论精粹.第二版(精装)	2015—01	88.00	461
数学 我爱你	2008—01	28.00	20
精神的圣徒　别样的人生——60位中国数学家成长的历程	2008—09	48.00	39
数学史概论	2009—06	78.00	50
数学史概论(精装)	2013—03	158.00	272
数学史选讲	2016—01	48.00	544
斐波那契数列	2010—02	28.00	65
数学拼盘和斐波那契魔方	2010—07	38.00	72
斐波那契数列欣赏(第2版)	2018—08	58.00	948
Fibonacci数列中的明珠	2018—06	58.00	928
数学的创造	2011—02	48.00	85
数学美与创造力	2016—01	48.00	595
数海拾贝	2016—01	48.00	590
数学中的美(第2版)	2019—04	68.00	1057
数论中的美学	2014—12	38.00	351

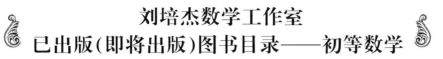

刘培杰数学工作室
已出版(即将出版)图书目录——初等数学

书　名	出版时间	定　价	编号
数学王者　科学巨人——高斯	2015—01	28.00	428
振兴祖国数学的圆梦之旅:中国初等数学研究史话	2015—06	98.00	490
二十世纪中国数学史料研究	2015—10	48.00	536
数字谜、数阵图与棋盘覆盖	2016—01	58.00	298
时间的形状	2016—01	38.00	556
数学发现的艺术:数学探索中的合情推理	2016—07	58.00	671
活跃在数学中的参数	2016—07	48.00	675
数海趣史	2021—05	98.00	1314

书　名	出版时间	定　价	编号
数学解题——靠数学思想给力(上)	2011—07	38.00	131
数学解题——靠数学思想给力(中)	2011—07	48.00	132
数学解题——靠数学思想给力(下)	2011—07	38.00	133
我怎样解题	2013—01	48.00	227
数学解题中的物理方法	2011—06	28.00	114
数学解题的特殊方法	2011—06	48.00	115
中学数学计算技巧(第2版)	2020—10	48.00	1220
中学数学证明方法	2012—01	58.00	117
数学趣题巧解	2012—03	28.00	128
高中数学教学通鉴	2015—05	58.00	479
和高中生漫谈:数学与哲学的故事	2014—08	28.00	369
算术问题集	2017—03	38.00	789
张教授讲数学	2018—07	38.00	933
陈永明实话实说数学教学	2020—04	68.00	1132
中学数学学科知识与教学能力	2020—06	58.00	1155
怎样把课讲好:大罕数学教学随笔	2022—03	58.00	1484
中国高考评价体系下高考数学探秘	2022—03	48.00	1487

书　名	出版时间	定　价	编号
自主招生考试中的参数方程问题	2015—01	28.00	435
自主招生考试中的极坐标问题	2015—04	28.00	463
近年全国重点大学自主招生数学试题全解及研究.华约卷	2015—02	38.00	441
近年全国重点大学自主招生数学试题全解及研究.北约卷	2016—05	38.00	619
自主招生数学解证宝典	2015—09	48.00	535
中国科学技术大学创新班数学真题解析	2022—03	48.00	1488
中国科学技术大学创新班物理真题解析	2022—03	58.00	1489

书　名	出版时间	定　价	编号
格点和面积	2012—07	18.00	191
射影几何趣谈	2012—04	28.00	175
斯潘纳尔引理——从一道加拿大数学奥林匹克试题谈起	2014—01	28.00	228
李普希兹条件——从几道近年高考数学试题谈起	2012—10	18.00	221
拉格朗日中值定理——从一道北京高考试题的解法谈起	2015—10	18.00	197
闵科夫斯基定理——从一道清华大学自主招生试题谈起	2014—01	28.00	198
哈尔测度——从一道冬令营试题的背景谈起	2012—08	28.00	202
切比雪夫逼近问题——从一道中国台北数学奥林匹克试题谈起	2013—04	38.00	238
伯恩斯坦多项式与贝齐尔曲面——从一道全国高中数学联赛试题谈起	2013—03	38.00	236
卡塔兰猜想——从一道普特南竞赛试题谈起	2013—06	18.00	256
麦卡锡函数和阿克曼函数——从一道前南斯拉夫数学奥林匹克试题谈起	2012—08	18.00	201
贝蒂定理与拉姆贝克莫斯尔定理——从一个拣石子游戏谈起	2012—08	18.00	217
皮亚诺曲线和豪斯道夫分球定理——从无限集谈起	2012—08	18.00	211
平面凸图形与凸多面体	2012—10	28.00	218
斯坦因豪斯问题——从一道二十五省市自治区中学数学竞赛试题谈起	2012—07	18.00	196

书 名	出版时间	定 价	编号
纽结理论中的亚历山大多项式与琼斯多项式——从一道北京市高一数学竞赛试题谈起	2012—07	28.00	195
原则与策略——从波利亚"解题表"谈起	2013—04	38.00	244
转化与化归——从三大尺规作图不能问题谈起	2012—08	28.00	214
代数几何中的贝祖定理（第一版）——从一道 IMO 试题的解法谈起	2013—08	18.00	193
成功连贯理论与约当块理论——从一道比利时数学竞赛试题谈起	2012—04	18.00	180
素数判定与大数分解	2014—08	18.00	199
置换多项式及其应用	2012—10	18.00	220
椭圆函数与模函数——从一道美国加州大学洛杉矶分校（UCLA）博士资格考题谈起	2012—10	28.00	219
差分方程的拉格朗日方法——从一道 2011 年全国高考理科试题的解法谈起	2012—08	28.00	200
力学在几何中的一些应用	2013—01	38.00	240
从根式解到伽罗华理论	2020—01	48.00	1121
康托洛维奇不等式——从一道全国高中联赛试题谈起	2013—03	28.00	337
西格尔引理——从一道第 18 届 IMO 试题的解法谈起	即将出版		
罗斯定理——从一道前苏联数学竞赛试题谈起	即将出版		
拉克斯定理和阿廷定理——从一道 IMO 试题的解法谈起	2014—01	58.00	246
毕卡大定理——从一道美国大学数学竞赛试题谈起	2014—07	18.00	350
贝齐尔曲线——从一道全国高中联赛试题谈起	即将出版		
拉格朗日乘子定理——从一道 2005 年全国高中联赛试题的高等数学解法谈起	2015—05	28.00	480
雅可比定理——从一道日本数学奥林匹克试题谈起	2013—04	48.00	249
李天岩—约克定理——从一道波兰数学竞赛试题谈起	2014—06	28.00	349
受控理论与初等不等式:从一道 IMO 试题的解法谈起	2023—03	48.00	1601
布劳维不动点定理——从一道前苏联数学奥林匹克试题谈起	2014—01	38.00	273
伯恩赛德定理——从一道英国数学奥林匹克试题谈起	即将出版		
布查特—莫斯特定理——从一道上海市初中竞赛试题谈起	即将出版		
数论中的同余数问题——从一道普特南竞赛试题谈起	即将出版		
范·德蒙行列式——从一道美国数学奥林匹克试题谈起	即将出版		
中国剩余定理:总数法构建中国历史年表	2015—01	28.00	430
牛顿程序与方程求根——从一道全国高考试题解法谈起	即将出版		
库默尔定理——从一道 IMO 预选试题谈起	即将出版		
卢丁定理——从一道冬令营试题的解法谈起	即将出版		
沃斯滕霍姆定理——从一道 IMO 预选试题谈起	即将出版		
卡尔松不等式——从一道莫斯科数学奥林匹克试题谈起	即将出版		
信息论中的香农熵——从一道近年高考压轴题谈起	即将出版		
约当不等式——从一道希望杯竞赛试题谈起	即将出版		
拉比诺维奇定理	即将出版		
刘维尔定理——从一道《美国数学月刊》征解问题的解法谈起	即将出版		
卡塔兰恒等式与级数求和——从一道 IMO 试题的解法谈起	即将出版		
勒让德猜想与素数分布——从一道爱尔兰竞赛试题谈起	即将出版		
天平称重与信息论——从一道基辅市数学奥林匹克试题谈起	即将出版		
哈密尔顿—凯莱定理:从一道高中数学联赛试题的解法谈起	2014—09	18.00	376
艾思特曼定理——从一道 CMO 试题的解法谈起	即将出版		

刘培杰数学工作室
已出版(即将出版)图书目录——初等数学

书　名	出版时间	定　价	编号
阿贝尔恒等式与经典不等式及应用	2018—06	98.00	923
迪利克雷除数问题	2018—07	48.00	930
幻方、幻立方与拉丁方	2019—08	48.00	1092
帕斯卡三角形	2014—03	18.00	294
蒲丰投针问题——从2009年清华大学的一道自主招生试题谈起	2014—01	38.00	295
斯图姆定理——从一道"华约"自主招生试题的解法谈起	2014—01	18.00	296
许瓦兹引理——从一道加利福尼亚大学伯克利分校数学系博士生试题谈起	2014—08	18.00	297
拉姆塞定理——从王诗宬院士的一个问题谈起	2016—04	48.00	299
坐标法	2013—12	28.00	332
数论三角形	2014—04	38.00	341
毕克定理	2014—07	18.00	352
数林掠影	2014—09	48.00	389
我们周围的概率	2014—10	38.00	390
凸函数最值定理:从一道华约自主招生题的解法谈起	2014—10	28.00	391
易学与数学奥林匹克	2014—10	38.00	392
生物数学趣谈	2015—01	18.00	409
反演	2015—01	28.00	420
因式分解与圆锥曲线	2015—01	18.00	426
轨迹	2015—01	28.00	427
面积原理:从常庚哲命的一道CMO试题的积分解法谈起	2015—01	48.00	431
形形色色的不动点定理:从一道28届IMO试题谈起	2015—01	38.00	439
柯西函数方程:从一道上海交大自主招生的试题谈起	2015—02	28.00	440
三角恒等式	2015—02	28.00	442
无理性判定:从一道2014年"北约"自主招生试题谈起	2015—01	38.00	443
数学归纳法	2015—03	18.00	451
极端原理与解题	2015—04	28.00	464
法雷级数	2014—08	18.00	367
摆线族	2015—01	38.00	438
函数方程及其解法	2015—05	38.00	470
含参数的方程和不等式	2012—09	28.00	213
希尔伯特第十问题	2016—01	38.00	543
无穷小量的求和	2016—01	28.00	545
切比雪夫多项式:从一道清华大学金秋营试题谈起	2016—01	38.00	583
泽肯多夫定理	2016—03	38.00	599
代数等式证题法	2016—01	28.00	600
三角等式证题法	2016—01	28.00	601
吴大任教授藏书中的一个因式分解公式:从一道美国数学邀请赛试题的解法谈起	2016—06	28.00	656
易卦——类万物的数学模型	2017—08	68.00	838
"不可思议"的数与数系可持续发展	2018—01	38.00	878
最短线	2018—01	38.00	879
数学在天文、地理、光学、机械力学中的一些应用	2023—03	88.00	1576
从阿基米德三角形谈起	2023—01	28.00	1578
幻方和魔方(第一卷)	2012—05	68.00	173
尘封的经典——初等数学经典文献选读(第一卷)	2012—07	48.00	205
尘封的经典——初等数学经典文献选读(第二卷)	2012—07	38.00	206
初级方程式论	2011—03	28.00	106
初等数学研究(Ⅰ)	2008—09	68.00	37
初等数学研究(Ⅱ)(上、下)	2009—05	118.00	46,47
初等数学专题研究	2022—10	68.00	1568

刘培杰数学工作室

已出版（即将出版）图书目录——初等数学

书　名	出版时间	定　价	编号
趣味初等方程妙题集锦	2014—09	48.00	388
趣味初等数论选美与欣赏	2015—02	48.00	445
耕读笔记(上卷)：一位农民数学爱好者的初数探索	2015—04	28.00	459
耕读笔记(中卷)：一位农民数学爱好者的初数探索	2015—05	28.00	483
耕读笔记(下卷)：一位农民数学爱好者的初数探索	2015—05	28.00	484
几何不等式研究与欣赏.上卷	2016—01	88.00	547
几何不等式研究与欣赏.下卷	2016—01	48.00	552
初等数列研究与欣赏·上	2016—01	48.00	570
初等数列研究与欣赏·下	2016—01	48.00	571
趣味初等函数研究与欣赏.上	2016—09	48.00	684
趣味初等函数研究与欣赏.下	2018—09	48.00	685
三角不等式研究与欣赏	2020—10	68.00	1197
新编平面解析几何解题方法研究与欣赏	2021—10	78.00	1426
火柴游戏(第2版)	2022—05	38.00	1493
智力解谜.第1卷	2017—07	38.00	613
智力解谜.第2卷	2017—07	38.00	614
故事智力	2016—07	48.00	615
名人们喜欢的智力问题	2020—01	48.00	616
数学大师的发现、创造与失误	2018—01	48.00	617
异曲同工	2018—09	48.00	618
数学的味道	2018—01	58.00	798
数学千字文	2018—10	68.00	977
数贝偶拾——高考数学题研究	2014—04	28.00	274
数贝偶拾——初等数学研究	2014—04	38.00	275
数贝偶拾——奥数题研究	2014—04	48.00	276
钱昌本教你快乐学数学(上)	2011—12	48.00	155
钱昌本教你快乐学数学(下)	2012—03	58.00	171
集合、函数与方程	2014—01	28.00	300
数列与不等式	2014—01	38.00	301
三角与平面向量	2014—01	28.00	302
平面解析几何	2014—01	38.00	303
立体几何与组合	2014—01	28.00	304
极限与导数、数学归纳法	2014—01	38.00	305
趣味数学	2014—03	28.00	306
教材教法	2014—04	68.00	307
自主招生	2014—05	58.00	308
高考压轴题(上)	2015—01	48.00	309
高考压轴题(下)	2014—10	68.00	310
从费马到怀尔斯——费马大定理的历史	2013—10	198.00	I
从庞加莱到佩雷尔曼——庞加莱猜想的历史	2013—10	298.00	II
从切比雪夫到爱尔特希(上)——素数定理的初等证明	2013—07	48.00	III
从切比雪夫到爱尔特希(下)——素数定理100年	2012—12	98.00	III
从高斯到盖尔方特——二次域的高斯猜想	2013—10	198.00	IV
从库默尔到朗兰兹——朗兰兹猜想的历史	2014—01	98.00	V
从比勒巴赫到德布朗斯——比勒巴赫猜想的历史	2014—02	298.00	VI
从麦比乌斯到陈省身——麦比乌斯变换与麦比乌斯带	2014—02	298.00	VII
从布尔到豪斯道夫——布尔方程与格论漫谈	2013—10	198.00	VIII
从开普勒到阿诺德——三体问题的历史	2014—05	298.00	IX
从华林到华罗庚——华林问题的历史	2013—10	298.00	X

刘培杰数学工作室
已出版（即将出版）图书目录——初等数学

书　名	出版时间	定　价	编号
美国高中数学竞赛五十讲. 第 1 卷 (英文)	2014—08	28.00	357
美国高中数学竞赛五十讲. 第 2 卷 (英文)	2014—08	28.00	358
美国高中数学竞赛五十讲. 第 3 卷 (英文)	2014—09	28.00	359
美国高中数学竞赛五十讲. 第 4 卷 (英文)	2014—09	28.00	360
美国高中数学竞赛五十讲. 第 5 卷 (英文)	2014—10	28.00	361
美国高中数学竞赛五十讲. 第 6 卷 (英文)	2014—11	28.00	362
美国高中数学竞赛五十讲. 第 7 卷 (英文)	2014—12	28.00	363
美国高中数学竞赛五十讲. 第 8 卷 (英文)	2015—01	28.00	364
美国高中数学竞赛五十讲. 第 9 卷 (英文)	2015—01	28.00	365
美国高中数学竞赛五十讲. 第 10 卷 (英文)	2015—02	38.00	366
三角函数 (第 2 版)	2017—04	38.00	626
不等式	2014—01	38.00	312
数列	2014—01	38.00	313
方程 (第 2 版)	2017—04	38.00	624
排列和组合	2014—01	28.00	315
极限与导数 (第 2 版)	2016—04	38.00	635
向量 (第 2 版)	2018—08	58.00	627
复数及其应用	2014—08	28.00	318
函数	2014—01	38.00	319
集合	2020—01	48.00	320
直线与平面	2014—01	28.00	321
立体几何 (第 2 版)	2016—04	38.00	629
解三角形	即将出版		323
直线与圆 (第 2 版)	2016—11	38.00	631
圆锥曲线 (第 2 版)	2016—09	48.00	632
解题通法 (一)	2014—07	38.00	326
解题通法 (二)	2014—07	38.00	327
解题通法 (三)	2014—05	38.00	328
概率与统计	2014—01	28.00	329
信息迁移与算法	即将出版		330
IMO 50 年. 第 1 卷 (1959—1963)	2014—11	28.00	377
IMO 50 年. 第 2 卷 (1964—1968)	2014—11	28.00	378
IMO 50 年. 第 3 卷 (1969—1973)	2014—09	28.00	379
IMO 50 年. 第 4 卷 (1974—1978)	2016—04	38.00	380
IMO 50 年. 第 5 卷 (1979—1984)	2015—04	38.00	381
IMO 50 年. 第 6 卷 (1985—1989)	2015—04	58.00	382
IMO 50 年. 第 7 卷 (1990—1994)	2016—01	48.00	383
IMO 50 年. 第 8 卷 (1995—1999)	2016—06	38.00	384
IMO 50 年. 第 9 卷 (2000—2004)	2015—04	58.00	385
IMO 50 年. 第 10 卷 (2005—2009)	2016—01	48.00	386
IMO 50 年. 第 11 卷 (2010—2015)	2017—03	48.00	646

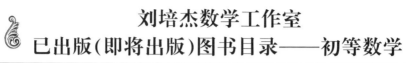

刘培杰数学工作室
已出版(即将出版)图书目录——初等数学

书 名	出版时间	定 价	编号
数学反思(2006—2007)	2020—09	88.00	915
数学反思(2008—2009)	2019—01	68.00	917
数学反思(2010—2011)	2018—05	58.00	916
数学反思(2012—2013)	2019—01	58.00	918
数学反思(2014—2015)	2019—03	78.00	919
数学反思(2016—2017)	2021—03	58.00	1286
数学反思(2018—2019)	2023—01	88.00	1593
历届美国大学生数学竞赛试题集.第一卷(1938—1949)	2015—01	28.00	397
历届美国大学生数学竞赛试题集.第二卷(1950—1959)	2015—01	28.00	398
历届美国大学生数学竞赛试题集.第三卷(1960—1969)	2015—01	28.00	399
历届美国大学生数学竞赛试题集.第四卷(1970—1979)	2015—01	18.00	400
历届美国大学生数学竞赛试题集.第五卷(1980—1989)	2015—01	28.00	401
历届美国大学生数学竞赛试题集.第六卷(1990—1999)	2015—01	28.00	402
历届美国大学生数学竞赛试题集.第七卷(2000—2009)	2015—08	18.00	403
历届美国大学生数学竞赛试题集.第八卷(2010—2012)	2015—01	18.00	404
新课标高考数学创新题解题诀窍:总论	2014—09	28.00	372
新课标高考数学创新题解题诀窍:必修1～5分册	2014—08	38.00	373
新课标高考数学创新题解题诀窍:选修2—1,2—2,1—1,1—2分册	2014—09	38.00	374
新课标高考数学创新题解题诀窍:选修2—3,4—4,4—5分册	2014—09	18.00	375
全国重点大学自主招生英文数学试题全攻略:词汇卷	2015—07	48.00	410
全国重点大学自主招生英文数学试题全攻略:概念卷	2015—01	28.00	411
全国重点大学自主招生英文数学试题全攻略:文章选读卷(上)	2016—09	38.00	412
全国重点大学自主招生英文数学试题全攻略:文章选读卷(下)	2017—01	58.00	413
全国重点大学自主招生英文数学试题全攻略:试题卷	2015—07	38.00	414
全国重点大学自主招生英文数学试题全攻略:名著欣赏卷	2017—03	48.00	415
劳埃德数学趣题大全.题目卷.1:英文	2016—01	18.00	516
劳埃德数学趣题大全.题目卷.2:英文	2016—01	18.00	517
劳埃德数学趣题大全.题目卷.3:英文	2016—01	18.00	518
劳埃德数学趣题大全.题目卷.4:英文	2016—01	18.00	519
劳埃德数学趣题大全.题目卷.5:英文	2016—01	18.00	520
劳埃德数学趣题大全.答案卷:英文	2016—01	18.00	521
李成章教练奥数笔记.第1卷	2016—01	48.00	522
李成章教练奥数笔记.第2卷	2016—01	48.00	523
李成章教练奥数笔记.第3卷	2016—01	38.00	524
李成章教练奥数笔记.第4卷	2016—01	38.00	525
李成章教练奥数笔记.第5卷	2016—01	38.00	526
李成章教练奥数笔记.第6卷	2016—01	38.00	527
李成章教练奥数笔记.第7卷	2016—01	38.00	528
李成章教练奥数笔记.第8卷	2016—01	48.00	529
李成章教练奥数笔记.第9卷	2016—01	28.00	530

刘培杰数学工作室
已出版(即将出版)图书目录——初等数学

书　　名	出版时间	定　价	编号
第19～23届"希望杯"全国数学邀请赛试题审题要津详细评注(初一版)	2014—03	28.00	333
第19～23届"希望杯"全国数学邀请赛试题审题要津详细评注(初二、初三版)	2014—03	38.00	334
第19～23届"希望杯"全国数学邀请赛试题审题要津详细评注(高一版)	2014—03	28.00	335
第19～23届"希望杯"全国数学邀请赛试题审题要津详细评注(高二版)	2014—03	38.00	336
第19～25届"希望杯"全国数学邀请赛试题审题要津详细评注(初一版)	2015—01	38.00	416
第19～25届"希望杯"全国数学邀请赛试题审题要津详细评注(初二、初三版)	2015—01	58.00	417
第19～25届"希望杯"全国数学邀请赛试题审题要津详细评注(高一版)	2015—01	48.00	418
第19～25届"希望杯"全国数学邀请赛试题审题要津详细评注(高二版)	2015—01	48.00	419
物理奥林匹克竞赛大题典——力学卷	2014—11	48.00	405
物理奥林匹克竞赛大题典——热学卷	2014—04	28.00	339
物理奥林匹克竞赛大题典——电磁学卷	2015—07	48.00	406
物理奥林匹克竞赛大题典——光学与近代物理卷	2014—06	28.00	345
历届中国东南地区数学奥林匹克试题集(2004～2012)	2014—06	18.00	346
历届中国西部地区数学奥林匹克试题集(2001～2012)	2014—07	18.00	347
历届中国女子数学奥林匹克试题集(2002～2012)	2014—08	18.00	348
数学奥林匹克在中国	2014—06	98.00	344
数学奥林匹克问题集	2014—01	38.00	267
数学奥林匹克不等式散论	2010—06	38.00	124
数学奥林匹克不等式欣赏	2011—09	38.00	138
数学奥林匹克超级题库(初中卷上)	2010—01	58.00	66
数学奥林匹克不等式证明方法和技巧(上、下)	2011—08	158.00	134,135
他们学什么:原民主德国中学数学课本	2016—09	38.00	658
他们学什么:英国中学数学课本	2016—09	38.00	659
他们学什么:法国中学数学课本.1	2016—09	38.00	660
他们学什么:法国中学数学课本.2	2016—09	28.00	661
他们学什么:法国中学数学课本.3	2016—09	38.00	662
他们学什么:苏联中学数学课本	2016—09	28.00	679
高中数学题典——集合与简易逻辑·函数	2016—07	48.00	647
高中数学题典——导数	2016—07	48.00	648
高中数学题典——三角函数·平面向量	2016—07	48.00	649
高中数学题典——数列	2016—07	58.00	650
高中数学题典——不等式·推理与证明	2016—07	38.00	651
高中数学题典——立体几何	2016—07	48.00	652
高中数学题典——平面解析几何	2016—07	78.00	653
高中数学题典——计数原理·统计·概率·复数	2016—07	48.00	654
高中数学题典——算法·平面几何·初等数论·组合数学·其他	2016—07	68.00	655

书　　名	出版时间	定　价	编号
台湾地区奥林匹克数学竞赛试题.小学一年级	2017－03	38.00	722
台湾地区奥林匹克数学竞赛试题.小学二年级	2017－03	38.00	723
台湾地区奥林匹克数学竞赛试题.小学三年级	2017－03	38.00	724
台湾地区奥林匹克数学竞赛试题.小学四年级	2017－03	38.00	725
台湾地区奥林匹克数学竞赛试题.小学五年级	2017－03	38.00	726
台湾地区奥林匹克数学竞赛试题.小学六年级	2017－03	38.00	727
台湾地区奥林匹克数学竞赛试题.初中一年级	2017－03	38.00	728
台湾地区奥林匹克数学竞赛试题.初中二年级	2017－03	38.00	729
台湾地区奥林匹克数学竞赛试题.初中三年级	2017－03	28.00	730
不等式证题法	2017－04	28.00	747
平面几何培优教程	2019－08	88.00	748
奥数鼎级培优教程.高一分册	2018－09	88.00	749
奥数鼎级培优教程.高二分册.上	2018－04	68.00	750
奥数鼎级培优教程.高二分册.下	2018－04	68.00	751
高中数学竞赛冲刺宝典	2019－04	68.00	883
初中尖子生数学超级题典.实数	2017－07	58.00	792
初中尖子生数学超级题典.式、方程与不等式	2017－08	58.00	793
初中尖子生数学超级题典.圆、面积	2017－08	38.00	794
初中尖子生数学超级题典.函数、逻辑推理	2017－08	48.00	795
初中尖子生数学超级题典.角、线段、三角形与多边形	2017－07	58.00	796
数学王子——高斯	2018－01	48.00	858
坎坷奇星——阿贝尔	2018－01	48.00	859
闪烁奇星——伽罗瓦	2018－01	58.00	860
无穷统帅——康托尔	2018－01	48.00	861
科学公主——柯瓦列夫斯卡娅	2018－01	48.00	862
抽象代数之母——埃米·诺特	2018－01	48.00	863
电脑先驱——图灵	2018－01	58.00	864
昔日神童——维纳	2018－01	48.00	865
数坛怪侠——爱尔特希	2018－01	68.00	866
传奇数学家徐利治	2019－09	88.00	1110
当代世界中的数学.数学思想与数学基础	2019－01	38.00	892
当代世界中的数学.数学问题	2019－01	38.00	893
当代世界中的数学.应用数学与数学应用	2019－01	38.00	894
当代世界中的数学.数学王国的新疆域(一)	2019－01	38.00	895
当代世界中的数学.数学王国的新疆域(二)	2019－01	38.00	896
当代世界中的数学.数林撷英(一)	2019－01	38.00	897
当代世界中的数学.数林撷英(二)	2019－01	48.00	898
当代世界中的数学.数学之路	2019－01	38.00	899

刘培杰数学工作室
已出版(即将出版)图书目录——初等数学

书　名	出版时间	定　价	编号
105个代数问题:来自AwesomeMath夏季课程	2019—02	58.00	956
106个几何问题:来自AwesomeMath夏季课程	2020—07	58.00	957
107个几何问题:来自AwesomeMath全年课程	2020—07	58.00	958
108个代数问题:来自AwesomeMath全年课程	2019—01	68.00	959
109个不等式:来自AwesomeMath夏季课程	2019—04	58.00	960
国际数学奥林匹克中的110个几何问题	即将出版		961
111个代数和数论问题	2019—05	58.00	962
112个组合问题:来自AwesomeMath夏季课程	2019—05	58.00	963
113个几何不等式:来自AwesomeMath夏季课程	2020—08	58.00	964
114个指数和对数问题:来自AwesomeMath夏季课程	2019—09	48.00	965
115个三角问题:来自AwesomeMath夏季课程	2019—09	58.00	966
116个代数不等式:来自AwesomeMath全年课程	2019—04	58.00	967
117个多项式问题:来自AwesomeMath夏季课程	2021—09	58.00	1409
118个数学竞赛不等式	2022—08	78.00	1526
紫色彗星国际数学竞赛试题	2019—02	58.00	999
数学竞赛中的数学:为数学爱好者、父母、教师和教练准备的丰富资源.第一部	2020—04	58.00	1141
数学竞赛中的数学:为数学爱好者、父母、教师和教练准备的丰富资源.第二部	2020—07	48.00	1142
和与积	2020—10	38.00	1219
数论:概念和问题	2020—12	68.00	1257
初等数学问题研究	2021—03	48.00	1270
数学奥林匹克中的欧几里得几何	2021—10	68.00	1413
数学奥林匹克题解新编	2022—01	58.00	1430
图论入门	2022—09	58.00	1554
澳大利亚中学数学竞赛试题及解答(初级卷)1978~1984	2019—02	28.00	1002
澳大利亚中学数学竞赛试题及解答(初级卷)1985~1991	2019—02	28.00	1003
澳大利亚中学数学竞赛试题及解答(初级卷)1992~1998	2019—02	28.00	1004
澳大利亚中学数学竞赛试题及解答(初级卷)1999~2005	2019—02	28.00	1005
澳大利亚中学数学竞赛试题及解答(中级卷)1978~1984	2019—03	28.00	1006
澳大利亚中学数学竞赛试题及解答(中级卷)1985~1991	2019—03	28.00	1007
澳大利亚中学数学竞赛试题及解答(中级卷)1992~1998	2019—03	28.00	1008
澳大利亚中学数学竞赛试题及解答(中级卷)1999~2005	2019—03	28.00	1009
澳大利亚中学数学竞赛试题及解答(高级卷)1978~1984	2019—05	28.00	1010
澳大利亚中学数学竞赛试题及解答(高级卷)1985~1991	2019—05	28.00	1011
澳大利亚中学数学竞赛试题及解答(高级卷)1992~1998	2019—05	28.00	1012
澳大利亚中学数学竞赛试题及解答(高级卷)1999~2005	2019—05	28.00	1013
天才中小学生智力测验题.第一卷	2019—03	38.00	1026
天才中小学生智力测验题.第二卷	2019—03	38.00	1027
天才中小学生智力测验题.第三卷	2019—03	38.00	1028
天才中小学生智力测验题.第四卷	2019—03	38.00	1029
天才中小学生智力测验题.第五卷	2019—03	38.00	1030
天才中小学生智力测验题.第六卷	2019—03	38.00	1031
天才中小学生智力测验题.第七卷	2019—03	38.00	1032
天才中小学生智力测验题.第八卷	2019—03	38.00	1033
天才中小学生智力测验题.第九卷	2019—03	38.00	1034
天才中小学生智力测验题.第十卷	2019—03	38.00	1035
天才中小学生智力测验题.第十一卷	2019—03	38.00	1036
天才中小学生智力测验题.第十二卷	2019—03	38.00	1037
天才中小学生智力测验题.第十三卷	2019—03	38.00	1038

刘培杰数学工作室
已出版（即将出版）图书目录——初等数学

书　名	出版时间	定　价	编号
重点大学自主招生数学备考全书:函数	2020－05	48.00	1047
重点大学自主招生数学备考全书:导数	2020－08	48.00	1048
重点大学自主招生数学备考全书:数列与不等式	2019－10	78.00	1049
重点大学自主招生数学备考全书:三角函数与平面向量	2020－08	68.00	1050
重点大学自主招生数学备考全书:平面解析几何	2020－07	58.00	1051
重点大学自主招生数学备考全书:立体几何与平面几何	2019－08	48.00	1052
重点大学自主招生数学备考全书:排列组合·概率统计·复数	2019－09	48.00	1053
重点大学自主招生数学备考全书:初等数论与组合数学	2019－08	48.00	1054
重点大学自主招生数学备考全书:重点大学自主招生真题.上	2019－04	68.00	1055
重点大学自主招生数学备考全书:重点大学自主招生真题.下	2019－04	58.00	1056
高中数学竞赛培训教程:平面几何问题的求解方法与策略.上	2018－05	68.00	906
高中数学竞赛培训教程:平面几何问题的求解方法与策略.下	2018－06	78.00	907
高中数学竞赛培训教程:整除与同余以及不定方程	2018－01	88.00	908
高中数学竞赛培训教程:组合计数与组合极值	2018－04	48.00	909
高中数学竞赛培训教程:初等代数	2019－04	78.00	1042
高中数学讲座:数学竞赛基础教程(第一册)	2019－06	48.00	1094
高中数学讲座:数学竞赛基础教程(第二册)	即将出版		1095
高中数学讲座:数学竞赛基础教程(第三册)	即将出版		1096
高中数学讲座:数学竞赛基础教程(第四册)	即将出版		1097
新编中学数学解题方法 1000 招丛书.实数(初中版)	2022－05	58.00	1291
新编中学数学解题方法 1000 招丛书.式(初中版)	2022－05	48.00	1292
新编中学数学解题方法 1000 招丛书.方程与不等式(初中版)	2021－04	58.00	1293
新编中学数学解题方法 1000 招丛书.函数(初中版)	2022－05	38.00	1294
新编中学数学解题方法 1000 招丛书.角(初中版)	2022－05	48.00	1295
新编中学数学解题方法 1000 招丛书.线段(初中版)	2022－05	48.00	1296
新编中学数学解题方法 1000 招丛书.三角形与多边形(初中版)	2021－04	48.00	1297
新编中学数学解题方法 1000 招丛书.圆(初中版)	2022－05	48.00	1298
新编中学数学解题方法 1000 招丛书.面积(初中版)	2021－07	28.00	1299
新编中学数学解题方法 1000 招丛书.逻辑推理(初中版)	2022－06	48.00	1300
高中数学题典精编.第一辑.函数	2022－01	58.00	1444
高中数学题典精编.第一辑.导数	2022－01	68.00	1445
高中数学题典精编.第一辑.三角函数·平面向量	2022－01	68.00	1446
高中数学题典精编.第一辑.数列	2022－01	58.00	1447
高中数学题典精编.第一辑.不等式·推理与证明	2022－01	58.00	1448
高中数学题典精编.第一辑.立体几何	2022－01	58.00	1449
高中数学题典精编.第一辑.平面解析几何	2022－01	68.00	1450
高中数学题典精编.第一辑.统计·概率·平面几何	2022－01	58.00	1451
高中数学题典精编.第一辑.初等数论·组合数学·数学文化·解题方法	2022－01	58.00	1452
历届全国初中数学竞赛试题分类解析.初等代数	2022－09	98.00	1555
历届全国初中数学竞赛试题分类解析.初等数论	2022－09	48.00	1556
历届全国初中数学竞赛试题分类解析.平面几何	2022－09	38.00	1557
历届全国初中数学竞赛试题分类解析.组合	2022－09	38.00	1558

联系地址:哈尔滨市南岗区复华四道街 10 号　哈尔滨工业大学出版社刘培杰数学工作室
网　址:http://lpj.hit.edu.cn/
邮　编:150006
联系电话:0451－86281378　　13904613167
E-mail:lpj1378@163.com